Geraldo Mario Rohde

Geoquímica Ambiental e estudos de impacto

4ª edição

© Copyright 2013 Oficina de Textos
1ª reimpressão 2018

Grafia atualizada conforme o Acordo Ortográfico da Língua Portuguesa de 1990, em vigor no Brasil desde 2009.

Conselho editorial   Arthur Pinto Chaves; Cylon Gonçalves da Silva; Doris C. C. K. Kowaltowski; José Galizia Tundisi; Luis Enrique Sánchez; Paulo Helene; Rozely Ferreira dos Santos; Teresa Gallotti Florenzano

Capa e projeto gráfico Malu Vallim
Diagramação CyberMedia
Preparação de figuras Bruno Tonelli
Revisão de textos Max Welcman

Dados Internacionais de Catalogação na Publicação (CIP)
(Câmara Brasileira do Livro, SP, Brasil)

Rohde, Geraldo Mario
  Geoquímica ambiental e estudos de impacto / Geraldo Mario Rohde. -- 4. ed. -- São Paulo : Oficina de Textos, 2013.

Bibliografia.
ISBN 978-85-7975-080-9

1. Geoquímica I. Título.

13-06078   CDD-551

Índices para catálogo sistemático:
  1. Geoquímica 551

Todos os direitos reservados à **Oficina de Textos**
Rua Cubatão, 798
CEP 04013-003 – São Paulo – Brasil
Fone (11) 3085 7933
www.ofitexto.com.br
atend@ofitexto.com.br

Sumário

INTRODUÇÃO   07

1. CONDICIONANTES   11
- **1.1.** As racionalidades – 16
- **1.2.** Condicionantes legais – 19

2. A GEOQUÍMICA AMBIENTAL   43
- **2.1.** Definição e posicionamento epistemológico – 43
    - 2.1.1   Geoquímica Aplicada – 44
    - 2.1.2   Ingresso no paradigma ambiental – 45
    - 2.1.3   Base interpretativa – 47
    - 2.1.4   Abrangência – 47
- **2.2.** Alguns conceitos e definições – 48

3. DIAGNÓSTICO DO AMBIENTE FÍSICO   55
- **3.1.** Estudos cartográficos – 55
    - 3.1.1   Roteiro – 55
    - 3.1.2   Produtos – 57
- **3.2.** Estudos climáticos – 57
    - 3.2.1   Roteiro – 57
    - 3.2.2   Produtos – 58
- **3.3.** Estudos geomorfológicos – 59
    - 3.3.1   Roteiro – 59
    - 3.3.2   Produtos – 62
- **3.4.** Estudos pedológicos – 63
    - 3.4.1   Roteiro – 63
    - 3.4.2   Produtos – 65
- **3.5.** Estudos geológicos – 65
    - 3.5.1   Roteiro – 65
    - 3.5.2   Produtos – 66
- **3.6.** Estudos hidrológicos – 66
    - 3.6.1   Roteiro – 66
    - 3.6.2   Produtos – 69

3.7. Estudos hidrogeológicos – 69
    3.7.1   Roteiro – 69
    3.7.2   Produtos – 70
3.8. Estudos geoquímicos – 70
    3.8.1   Roteiro – 70
    3.8.2   Produtos – 71

4. DETERMINAÇÃO DOS IMPACTOS NO GEOSSISTEMA   73
4.1. Caracterização matemática – 73
4.2. Método de avaliação dos impactos ambientais – 74
4.3. Principais impactos – 76
    4.3.1   Impactos climáticos – 76
    4.3.2   Impactos geomorfológicos – 76
    4.3.3   Impactos pedológicos – 76
    4.3.4   Impactos geológicos – 78
    4.3.5   Impactos hidrológicos – 79
    4.3.6   Impactos hidrogeológicos – 80
    4.3.7   Impactos geoquímicos – 80
4.4. Matrizes de impacto ambiental – 80

5. PROTEÇÃO AMBIENTAL   87
5.1. Medidas de proteção ambiental *stricto sensu* – 87
5.2. Avaliação de riscos geodinâmicos – 93

6. MONITORAMENTO   97
6.1. Sistemas de monitoramento – 97
6.2. Monitoramento do geossistema – 98
    6.2.1   Monitoramento espacial – 103
    6.2.2   Monitoramento biogeoquímico – 103
    6.2.3   Monitoramento climático – 104
    6.2.4   Monitoramento de fluxos – 104
    6.2.5   Monitoramento físico-mecânico – 105

ANEXOS   107
A.1. Informações ambientais no Brasil – 107
A.2. Quadros sobre impactos, acidentes e critérios de classificação de áreas naturais – 110
A.3. Quadros e tabelas geoquímicas – 112
A.4. Unidades de medida e tabelas de conversão – 148

REFERÊNCIAS   153

"A Humanidade tomada como um todo está se tornando uma poderosa força geológica. [...] A noosfera é um fenômeno geológico novo em nosso planeta. Nele, pela primeira vez, os seres humanos se tornam uma força geológica em larga escala."
W. I. Vernadsky, 1945

"Assim caminha a Humanidade...
com passos de formiga e sem vontade."
Lulu Santos, 1994

Introdução

Abrangência

Considerando os processos biogeoquímicos como um dos agentes transformadores essenciais da crosta terrestre (determinantes de sua duração, forma, extensão, causação, consequências etc.) e identificando, na maioria dos atuais empreendimentos humanos, processos violentos de aceleração das transformações do meio geológico, torna-se possível aceitar, como *input* básico da origem causadora de impactos sobre a fauna, a flora e o próprio ser humano, a transformação geológica – biogeoquímica – acelerada. Atualmente, está cada vez mais comprovado, do ponto de vista das Ciências Ambientais, que a mudança global é passível de ser entendida como uma modificação antropogênica nos ciclos biogeoquímicos que produzem implicações no clima terrestre. O vetor dessa mudança é o consumo em larga escala do tanque de combustíveis fósseis, ou seja, de materiais geológicos (petróleo, gás natural, carvão e turfa) armazenados em eras geológicas pretéritas.

Dessa forma, justifica-se a ampla necessidade e abrangência dos estudos geocientíficos (e, em especial, geoquímicos) propostos a seguir, pelo menos para o conhecimento científico ambiental e a determinação dos impactos que os diferentes tipos de projeto, empreendimento e ação acarretam quando efetivamente imersos na realidade física.

Como referencial básico do presente manual, são consideradas as reflexões contidas na "teoria da perturbação e o gradiente subsídio-esforço" (Odum; Finn; Franz, 1979), a estratégia de estudo baseado no modelo de sucessão (Beanlands; Duinker, 1983) (Fig. I.1) e quatro importantes aspectos derivados do Artigo 6º da Resolução 001 do Conselho Nacional do Meio Ambiente (Conama), de 23 de janeiro de 1986, que define como condições mínimas de um Estudo de Impacto Ambiental:

1. diagnóstico ambiental;

2. análise dos impactos ambientais;
3. definição das medidas mitigadoras dos impactos negativos;
4. elaboração do programa de acompanhamento e monitoramento, indicando os fatores e parâmetros a serem considerados.

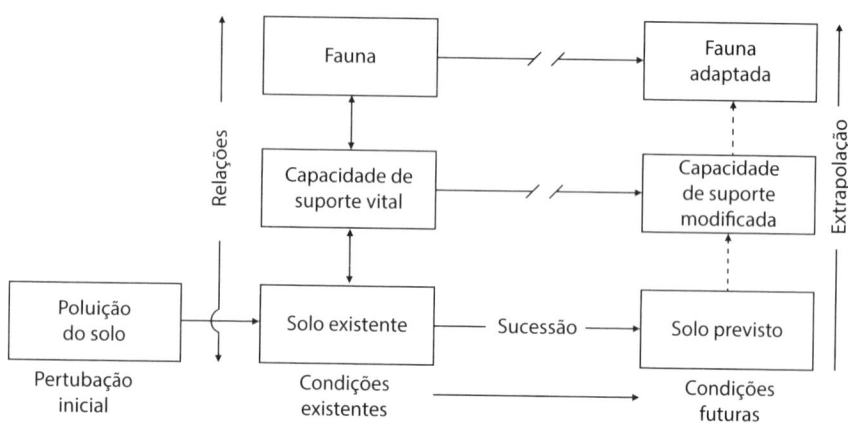

FIG. I.1 *Exemplo geossistêmico esquemático baseado na sucessão*

Limitações

O Estudo de Impacto Ambiental (EIA) e o Relatório de Impacto Ambiental (Rima) apresentam, como instrumentos de conhecimento, planejamento e preservação ambiental, as seguintes limitações:

1. considerando uma bacia hidrográfica, uma certa porção da atmosfera ("bolha" ou calota aérea) e uma certa área de solo e subsolo, o somatório dos impactos descritos nos EIAs-Rimas dos vários empreendimentos nelas localizados nunca será a totalidade dos impactos efetivamente provocados por eles no meio ambiente (em função da sinergia entre diferentes impactos descritos isoladamente; de que cada EIA-Rima tomará uma condição de fundo básica que poderá, ou não, considerar os demais empreendimentos; de impactos gerados por empreendimentos e ações que, isoladamente, não serão avaliados por EIA-Rima, mas que no somatório final possuirão relevância idêntica);

2. os EIAs-Rimas apresentam equívocos, contradições e lacunas quanto aos aspectos energéticos dos empreendimentos analisados, isto é, os processos de geração, transferência, transporte e acumulação de energia pelo Homem e pelos ecossistemas envolvidos quase nunca são considerados; o balanço energético não é apresentado;

3. a racionalidade dos EIAs-Rimas acontece apenas quanto aos *meios*; os *processos* e os *fins* não são examinados nem questionados. A ausência da avaliação energética (ou de um enfoque energético) auxilia na manutenção dessa situação; a pergunta "o projeto proposto é realmente necessário?" raramente aparece;
4. o EIA-Rima apresenta a mesma tentativa *monetarista* da Economia tradicional (expressa com maior clareza nas matrizes numéricas de avaliação de impacto ambiental), muito discutível, de realizar uma soma algébrica entre benefícios sociais e custos ambientais, anteriormente efetuada sob a forma da *análise de custo-benefício*; apenas a abordagem da Economia Ecológica (Odum, 1977; Odum, 1980; Odum; Odum, 1981; Odum, 1983; Philomena, 1990; Merico, 1996; Costanza et al., 1997), com o conceito de *emergia*, parece, atualmente, ultrapassar essa limitação;
5. o EIA-Rima apresenta limitações de ordem científica em razão do estabelecimento de limites disciplinares na obtenção do conhecimento holístico (linguagens diferentes, especialização de profissionais, áreas isoladas etc.), na quantificação (que nem sempre é possível), na qualificação (a "detecção" de certos elementos ainda não possui "métodos", "normas" ou "padrões"), na modelagem (nem sempre possível ou disponível) e no estabelecimento de previsões; o conhecimento completo e exaustivo do meio ambiente é, assim, dificilmente atingível, ainda mais com o escasso tempo destinado aos estudos de impacto ambiental;
6. o *problema da significação*, ou seja, daquilo que vem a ser "impacto significativo", tende sempre a fazer aparecer alguns impactos que serão considerados irrelevantes para o empreendimento em questão, mas que, somados a outras "sobras" ou até mesmo isoladamente, poderão ter impactos não desprezíveis;
7. nos EIAs-Rimas levados a efeito no Brasil, há ainda que se considerar a ausência de estudos no sentido de se prever a poluição "extramuros", ou seja, aquilo que se convencionou chamar de "poluição da miséria" – externalidades econômicas, desajustes econômicos posteriores com o local de implantação, *atratividade* de serviços etc.

Capítulo I | **Condicionantes**

Entre os diversos sistemas dinamicamente inter-relacionados que formam a totalidade do planeta Terra (atmosfera, hidrosfera, criosfera, biosfera, litosfera e, até certo ponto, a antroposfera), o geossistema (rochas, alterações de rochas, solos e suas múltiplas formas de estruturação) possui predominância notável sobre os demais, do ponto de vista do conhecimento dos recursos naturais e, principalmente, no que se refere ao seu papel de suporte físico, condição primeira da existência dos seres vivos. Além disso, as estruturas geológicas e o funcionamento geodinâmico – incluindo os ciclos geoquímicos – condicionam, em grande medida, a localização das bacias oceânicas e algumas de suas principais características quanto à ocorrência das formas vivas, além de determinar, em grande parte, o arcabouço subjacente onde se encaixam as águas superficiais – rios, riachos, córregos, lagos e lagoas.

Assim, do ponto de vista do inter-relacionamento físico, econômico e institucional, é correto afirmar que a Terra pode ser subdividida em espaço superficial, espaço subsuperficial e espaço aéreo (Fig. 1.1).

Os recursos naturais (recursos da Terra), por outro lado, são atributos que acompanham uma unidade específica de espaço físico da superfície, do subsolo ou do espaço aéreo, sendo, consequentemente, formados pelo solo, água, ar, minerais,

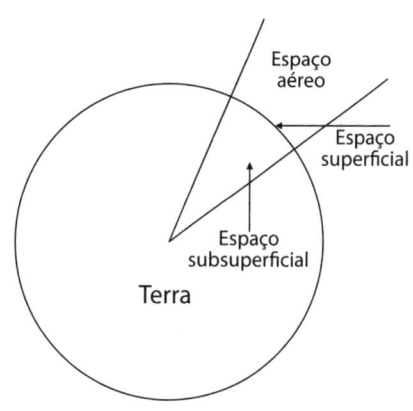

FIG. 1.1 *Terra e espaço*

temperatura, precipitações, topografia, flora e fauna, além de todos os outros atributos naturais que a integram.

Portanto, as características básicas da Terra como espaço físico são:
1. *imobilidade,* uma vez que uma unidade específica de espaço está geométrica e fisicamente fixa, com relação ao espaço, por definição e mensuração;
2. *indestrutibilidade,* uma vez que espaço físico não pode ser destruído;
3. *variabilidade,* uma vez que duas entidades de espaço físico não podem ser iguais: uma entidade difere de qualquer outra entidade;
4. *disponibilidade fixa,* uma vez que, por definição, a disponibilidade de um espaço físico é fixa e não pode ser diminuída ou aumentada (Timmons, 1985, p. 24).

Essas quatro características de espaço são fundamentais na determinação das fronteiras que restringem a ação humana, o uso do solo e o manejo de cada unidade particular do espaço (por exemplo, um lote, uma fazenda, uma mina, um lago etc.):

> Obviamente, cada unidade de espaço envolve os recursos que ocorrem naturalmente nesta unidade particular de espaço, seja unidade de superfície (ex: uma fazenda), de subsolo (ex: uma mina), ou de espaço aéreo (Timmons, 1985, p. 24).

O conceito de espaço é importante desde a fixação de "fronteiras nacionais" até a localização de uma área.

O espaço pode ser, para finalidades de uso do solo, manejo, controle e administração, delimitado tanto vertical como horizontalmente, ou em ambas as direções. Semelhantes características espaciais da Terra permeiam as bases da teoria locacional e constituem o substrato do direito de posse da propriedade e sua troca e transferência entre as pessoas.

Os recursos naturais que compõem uma determinada unidade do espaço, ao contrário das características de espaço, podem ser afetados pelos seres humanos e, portanto, como consequência, ser qualificados por:
1. *mobilidade,* uma vez que os recursos naturais podem ser separados e removidos;

2. *destrutibilidade* (conforme qualificado pelas 1ª e 2ª Leis da Termodinâmica), uma vez que a forma e o caráter dos recursos naturais podem ser alterados;
3. *invariabilidade*, uma vez que os recursos naturais e/ou seus produtos podem ser classificados em termos de graduações, padrões ou classes; e
4. *instabilidade* de fornecimento, uma vez que o volume dos recursos pode ser aumentado ou diminuído por agentes humanos, dependendo da capacidade de renovação desses recursos e da tecnologia utilizada (Timmons, 1985, p. 25).

Dessa forma, ao contrário das características de espaço da Terra, os recursos naturais podem ser transportados e até destruídos; podem também se tornar invariáveis, e são instáveis em disponibilidade.

Os recursos naturais podem satisfazer uma demanda direta da população (como o ar e a água). Já o solo apresenta a necessidade direta (sob a forma de substrato físico) e demandas indiretas (alimentos e outros produtos minerais dele extraídos), o que o caracteriza como "bem de consumo" e "fator de produção".

As três principais dimensões envolvidas no uso dos recursos naturais e do espaço podem ser vistas na Fig. 1.2.

A economia, caso particular de uma das racionalidades examinadas a seguir, revela o que é economicamente plausível em um ponto fixo no tempo; a disponibilidade institucional dos recursos naturais limita o seu uso pelas leis, políticas e sistemas de propriedades, e a dimensão física revela o que é fisicamente possível em um momento específico no tempo:

> A dimensão física não pode, por si só, revelar:
> 1) o que deveria ser produzido, nem
> 2) quanto deveria ser produzido, e/ou,
> 3) precisamente quais os meios de produção que deveriam ser usados.
> Neste ponto, outras disciplinas e competências devem integrar o processo de distribuição do uso dos recursos (Timmons, 1985, p. 28).

As dimensões envolvidas no uso dos recursos naturais e do espaço são modificadas por:

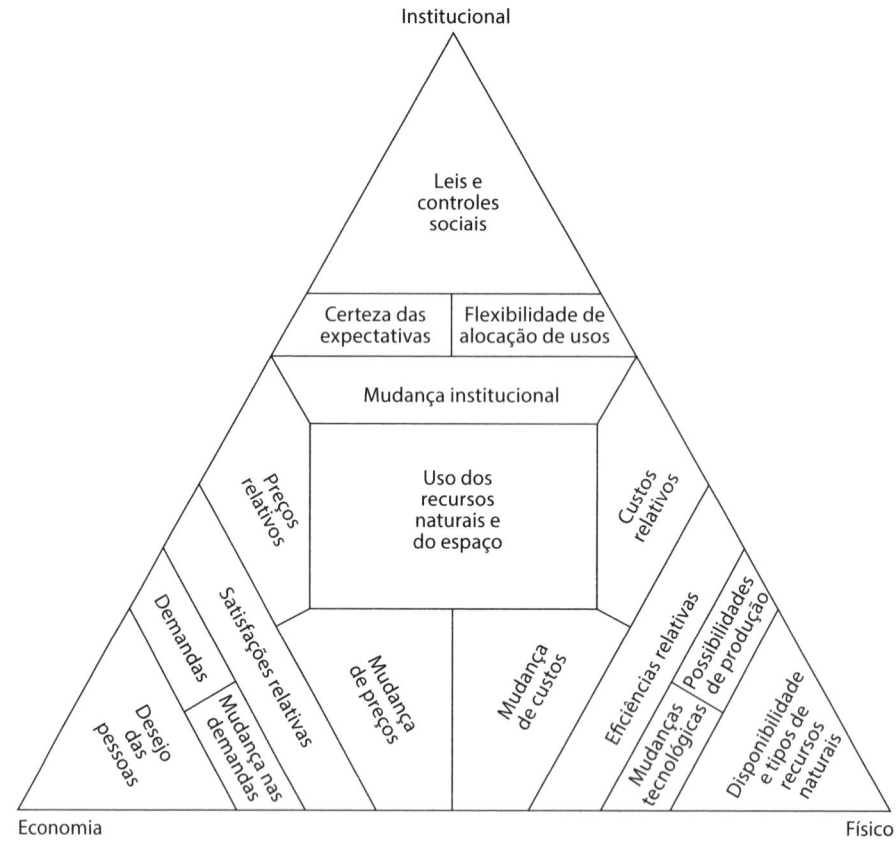

FIG. 1.2 *O inter-relacionamento entre os fatores econômicos, institucionais e físicos no uso dos recursos naturais e do espaço*
Fonte: modificado de Timmons (1985, p. 28).

1. inovações tecnológicas;
2. mudanças na demanda;
3. mudanças institucionais.

Assim é que:

> A satisfação das necessidades físicas e aspirações socioeconômicas do homem, pelo desenvolvimento de uma atividade, se faz através de formas de uso e apropriação de um espaço, gerando efeitos no meio biogeofísico que poderão refletir-se nas condições físicas e socioeconômicas deste mesmo homem (Perazza et al., 1985, p. 2).

A exploração dos recursos naturais ou das atividades industriais poderá provocar impactos no meio ambiente por meio da alteração do ar, da água, do solo, da flora e da fauna e pela modificação da saúde e bem-estar dos próprios seres humanos, isto é, agindo sobre o meio socioeconômico.

A implantação de uma atividade modificadora do meio ambiente é o aspecto central no uso e apropriação do espaço (Fig. 1.3), e o principal objetivo do presente trabalho é estudar seus impactos no ambiente físico. Assim, os Estudos de Impacto Ambiental (EIAs), do ponto de vista das Geociências, partem de um estudo sistemático, passam por critérios ambientais e atingem a identificação dos impactos ambientais. Apesar de analisar *en passant* os aspectos legais e as racionalidades (a economia da

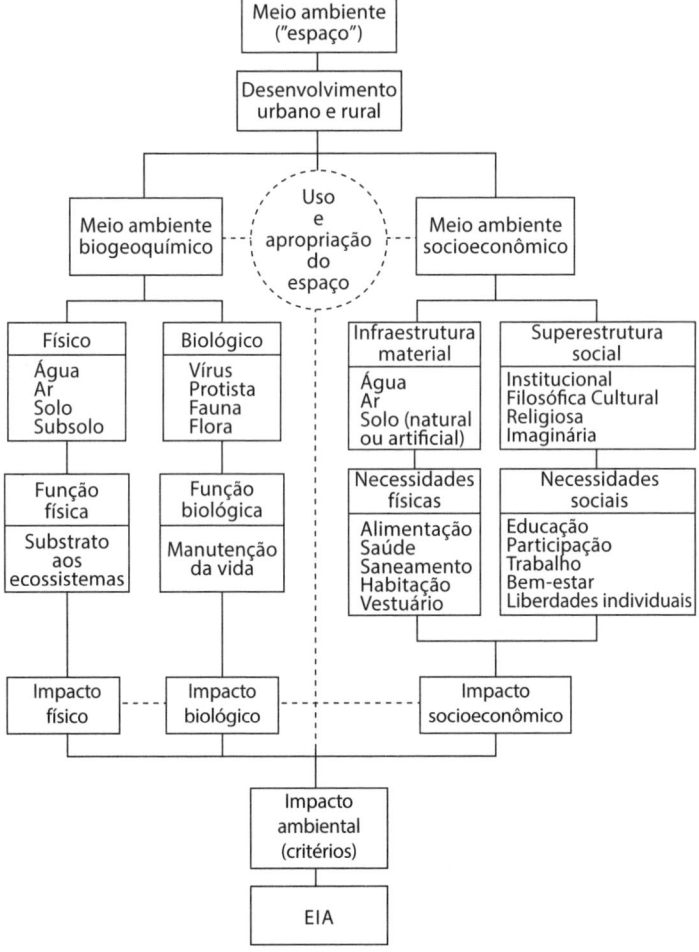

FIG. 1.3 *Diagrama representando o entorno de um EIA*
Fonte: modificado de Bolea (1980, p. 12) e Perazza et al. (1985, p. 3).

apropriação do espaço e dos recursos naturais), o restante deste trabalho irá se fixar na identificação dos condicionantes físicos do meio ambiente.

1.1. As racionalidades

A análise das condicionantes econômico-conjunturais leva a um encontro imediato com a questão das racionalidades. A ação humana chamada "racional" consiste na adequação entre meios e fins, ou seja, *a racionalidade é* — sob qualquer ponto de vista ou tipo de origem — *sempre instrumental*.

O comportamento racional já foi descrito (Simon, 1957 apud Hollick, 1981, p. 66) como a seleção de alternativas que são conduzidas para atingir objetivos pré-selecionados. Uma decisão racional seria a que é compatível com os valores, alternativas e informações avaliados pelo indivíduo ou grupo que a realiza.

Uma decisão racional (Diesing, 1962 apud Hollick, 1981, p. 66) deve ser efetiva em produzir algum bem e ser baseada mais em discernimento inteligente do que no acaso. Uma organização funcionalmente racional é aquela que produz decisões racionais em um padrão confiável, como resultado mais da estrutura organizacional do que dos indivíduos localizados dentro dela.

Seis tipos de racionalidade podem ser identificados no caso da colocação de um empreendimento no meio natural (Hollick, 1981):

1. econômica;
2. técnica;
3. legal;
4. social;
5. política;
6. ecológica (por "racionalidade ecológica", deve-se entender racionalidade ambiental).

A *racionalidade econômica*, que consiste em alocar recursos escassos em alternativas finais com o propósito de obter o maior benefício total possível, foi, no passado, a racionalidade que predominou sobre todas as demais. Essa predominância, longe de gerar o maior benefício total possível, foi a causa de inúmeros desastres e malefícios, justamente por ignorar aspectos físicos, ecológicos e sociais inarredáveis. De acordo com Milaré e Benjamin (1993, p. 13):

O objetivo central do estudo de impacto ambiental é simples: evitar que um projeto (obra ou atividade), justificável pelo prisma econômico ou em relação aos interesses imediatos de seu proponente, revele-se posteriormente nefasto ou catastrófico para o meio ambiente.

A *racionalidade técnica* envolve a seleção de meios (técnicos) para atingir um dado fim. Se o fim pode ser integralmente atingido e os recursos não são limitados, quaisquer meios adequados para atingi-lo são – tecnicamente – racionais. Essa racionalidade, juntamente com a econômica, é muito parcial quanto aos empreendimentos colocados no meio natural e, devido estritamente a isso, foi semelhante na geração de desastres e malefícios. Cabe registrar que a finalidade de um empreendimento dificilmente pode ser totalmente alcançada e, mais ainda, que os recursos *sempre* são atingidos por limitações, o que acarreta a completa invalidação do racionalismo tecnicista.

A *racionalidade legal* pode ser conceituada a partir do momento em que se identifica a sociedade como uma coleção de indivíduos e, consequentemente, estão destinados a surgir conflitos de interesse que não podem ser resolvidos por meios racionais legais: a Lei é, assim, uma estrutura de normas aceitas ao redor da qual os indivíduos podem construir um detalhado sistema de regras. Ela opera mais no sentido de estabilizar e institucionalizar conflitos do que de removê-los e, dessa maneira, não é socialmente racional. Entretanto, ela é racional no sentido de que é efetiva em prevenir e acomodar disputas que, de outra maneira, poderiam atingir a estabilidade social.

O aumento da sofisticação econômica e, consequentemente, da habilidade em aplicar a racionalidade econômica leva a uma maior necessidade de leis e de racionalidade legal.

A racionalidade legal depende da interpretação das leis escritas e de precedentes não escritos (jurisprudência), sendo completamente diferente, em natureza, das racionalidades técnica e/ou econômica, uma vez que não há qualquer técnica matemática que possa ser aplicada a ela. Para que seja apropriada, é necessário, antes de tudo, que haja uma distribuição relativamente estável de poder entre grupos de interesse e os valores aceitos que legitimam as regras e sanções necessárias para o funcionamento do sistema legal.

Uma sociedade pode ser dita possuidora de objetivos na medida em que seus membros individuais têm necessidades e desejos em comum.

A satisfação de objetivos materiais pode ser atingida tão somente com a utilização da racionalidade técnica ou econômica, mas a implementação efetiva de decisões geralmente requer a ação cooperativa.

A *racionalidade social* é aquela que acarreta a integração social, preenchendo, além das necessidades materiais dos indivíduos e grupos, necessidades psicológicas como identidade, posição, reconhecimento, pertinência e segurança. Entretanto, mesmo que um sistema social coeso faça ações coletivas para o maior benefício mútuo possível, elas podem não ser técnica ou economicamente racionais e, em alguns casos, poderão realmente prejudicar os interesses em longo prazo da sociedade. Assim, embora a racionalidade social seja necessária, não é suficiente.

O poder é passível de ser definido como a habilidade de afetar as ações de outros indivíduos, mesmo contra o seu desejo; e "poder político" como "poder sobre a alocação do poder". As relações de poder determinam, então, "quem faz o que, para quem, com que efeito". Como larga generalização, as decisões políticas estão relacionadas à manutenção ou intensificação dos poderes do grupo ou indivíduo que toma as decisões. A maioria das decisões sociais é feita, rotineiramente, por estruturas decisórias que incluem as racionalidades técnica, econômica e social, e as decisões políticas só são necessárias quando surgem conflitos ou pressões com as quais os sistemas legal e social não podem lidar.

A *racionalidade política* existe na medida em que é efetiva na manutenção ou intensificação da posição do decisor na estrutura de poder. Do ponto de vista daqueles que estão no comando, decisões racionais são aquelas que preservam os escalões superiores do poder, mas que podem, se necessário, alterar radicalmente os escalões inferiores. Respostas racionais a um problema político podem incluir a resolução por meios sociais, estabilização por mudanças no sistema legal, mudanças na estrutura de poder etc. Decisões políticas não estão relacionadas a méritos, mas à compensação de pressões de diferentes grupos, de tal forma que o compromisso se torna racional mesmo quando é feito entre bom e ruim.

A *racionalidade ambiental* relaciona-se com decisões ecológicas no sentido de preservar e melhorar o ambiente natural. As decisões ecológicas são racionais na medida exata em que servem para fins sociais dos quais a própria sociedade depende, como a proteção de ecossistemas, assegurando, assim, o bem-estar futuro. No entanto, o que esses fins sociais podem ser envolve, ao menos quando considerados em detalhe, delicados julgamentos de valor, como os direitos das gerações futuras, por exemplo.

A racionalidade ambiental inclui a visão holística, sistêmica e integrada das Geociências, com destaque à Geoquímica Ambiental.

Os fatores físicos do meio ambiente e seus fatores ecológicos são, entretanto, usualmente considerados apenas como *restrições* nas racionalidades técnica e econômica. Todavia, é possível considerar uma cooperação ativa e evolucionária entre a sociedade, o ecossistema e o meio físico do qual ela é parte, tomando *potencialidades* no sentido de guiar seu desenvolvimento em direção a fins socialmente desejáveis.

Torna-se necessário registrar, ao finalizar esta breve análise das racionalidades, que o somatório de atos racionais isolados não leva necessariamente à racionalidade coletiva. Essa constatação pode ser identificada em dois casos atualíssimos e muito graves em nível planetário: a exterminação das baleias e a destruição da camada de ozônio, em que a racionalidade isolada de cada um dos países do mundo não está de modo algum produzindo o racional coletivo, o bem-estar planetário e muito menos a preservação ambiental.

1.2 Condicionantes legais

A identificação dos condicionantes legais na instalação de empreendimentos no meio ambiente e na realização de seus respectivos Estudos de Impacto Ambiental (EIAs) e Relatórios de Impacto Ambiental (Rimas) prende-se à definição do quadro legal vigente, ou seja, a Constituição Federal, as Constituições Estaduais e as legislações federal, estadual e municipal. Tendo em vista a diversidade das legislações estaduais e a extensão das legislações municipais existentes, são apresentados, a seguir, apenas os referenciais da Constituição Brasileira e alguns diplomas da legislação federal que se relacionam com os Estudos de Impacto Ambiental e os Relatórios de Impacto Ambiental.

Do ponto de vista legal, a possibilidade de exigência do Estudo de Impacto Ambiental por parte da Administração Pública existe desde a década de 1980, por meio da Lei no 6.803, de 2 de julho de 1980. Essa possibilidade, originada ainda no período autoritário, é extremamente tímida, e de forma alguma prevê a participação da comunidade no processo decisório de escolha das alternativas locacionais e tecnológicas ou na fiscalização do Estudo de Impacto Ambiental:

Art. 10. Caberá aos governos estaduais, observando o disposto nesta Lei e em outras normas legais em vigor:

[...]

§ 2o - Caberá exclusivamente à União, ouvidos os Governos Estadual e Municipal interessados, aprovar a delimitação e autorizar a implantação de zonas de uso estritamente industrial que se destinem à localização de polos petroquímicos, cloroquímicos, carboquímicos, bem como a instalações nucleares e outras definidas em lei.

Atualmente, os EIAs-RIMAs são, do ponto de vista da legislação brasileira vigente, instrumentos da Política do Meio Ambiente, conforme pode ser verificado na Lei Federal n° 6.938/1981, em seu artigo 9°. De fato, esta Lei estabelece, em seu artigo 3°, a definição jurídica de meio ambiente.

1.2.1. Constituição Federal
Título III - da organização do Estado
Capítulo II - da União

Artigo 20 - São bens da União:

I - os que atualmente lhe pertencem e os que lhe vierem a ser atribuídos;

II - as terras devolutas indispensáveis à defesa das fronteiras, das fortificações e construções militares, das vias federais de comunicação e à preservação ambiental, definidas em lei;

III - os lagos, rios e quaisquer correntes de água em terrenos de seu domínio, ou que banhem mais de um Estado, sirvam de limites com outros países, ou se estendam a território estrangeiro ou dele provenham, bem como os terrenos marginais e as praias fluviais;

IV - as ilhas fluviais e lacustres nas zonas limítrofes com outros países; as praias marítimas; as ilhas oceânicas e as costeiras, excluídas, destas, as áreas referidas no artigo 26, II;

V - os recursos naturais da plataforma continental e da zona econômica exclusiva;

VI - o mar territorial;

VII - os terrenos de marinha e seus acrescidos;

VIII - os potenciais de energia hidráulica;

IX - os recursos minerais, inclusive os do subsolo;

X - as cavidades naturais subterrâneas e os sítios arqueológicos e pré-históricos;
XI - as terras tradicionalmente ocupadas pelos índios.

Parágrafo 1º - É assegurada, nos termos da lei, aos Estados, ao Distrito Federal e aos Municípios, bem como a Órgãos da administração direta da União, participação no resultado da exploração de petróleo ou gás natural, de recursos hídricos para fins de geração de energia elétrica e de outros recursos minerais no respectivo território, plataforma continental, mar territorial ou zona econômica exclusiva, ou compensação financeira por essa exploração.

Artigo 21 - Compete à União:
XII - explorar, diretamente ou mediante autorização, concessão ou permissão:
a. os serviços e instalações de energia elétrica e o aproveitamento energético dos cursos de água, em articulação com os Estados onde se situam os potenciais hidroenergéticos;
[...]
XV - organizar e manter os serviços oficiais de estatística, geografia, geologia e cartografia de âmbito nacional;
[...]
XVIII - planejar e promover a defesa permanente contra as calamidades públicas, especialmente as secas e as inundações;
XIX - instituir sistema nacional de gerenciamento de recursos hídricos e definir critérios de outorga de direitos de seu uso;
XX - instituir diretrizes para o desenvolvimento urbano, inclusive habitação, saneamento básico e transportes urbanos;
[...]
XXIII - explorar os serviços e instalações nucleares de qualquer natureza e exercer monopólio estatal sobre a pesquisa, a lavra, o enriquecimento e reprocessamento, a industrialização e o comércio de minérios nucleares e seus derivados, atendidos os seguintes princípios e condições:
a. toda atividade nuclear em território nacional somente será admitida para fins pacíficos e mediante aprovação do Congresso Nacional;

b. sob regime de concessão ou permissão, é autorizada a utilização de radioisótopos para a pesquisa e usos medicinais, agrícolas, industriais e atividades análogas;
c. a responsabilidade civil por danos nucleares independe da existência de culpa;

XXIV - organizar, manter e executar a inspeção do trabalho;
XXV - estabelecer as áreas e as condições para o exercício da atividade de garimpagem, em forma associativa.

Artigo 22 - Compete privativamente à União legislar sobre:
I - direito civil, comercial, penal, processual, eleitoral, agrário, marítimo, aeronáutico, espacial e do trabalho;
II - desapropriação;
[...]
IV - águas, energia, informática, telecomunicações e radiodifusão;
[...]
X - regime dos portos, navegação lacustre, fluvial, marítima, aérea e aeroespacial;
XI - trânsito e transporte;
XII - jazidas, minas, outros recursos minerais e metalurgia;
[...]
XIV - populações indígenas;
[...]
XVIII - sistema estatístico, sistema cartográfico e de geologia nacionais;
[...]
XXVI - atividades nucleares de qualquer natureza;

Artigo 23 - É competência comum da União, dos Estados, do Distrito Federal e dos Municípios:
[...]
III - proteger os documentos, as obras e outros bens de valor histórico, artístico e cultural, os monumentos, as paisagens naturais notáveis e os sítios arqueológicos;
IV - impedir a evasão, a destruição e a descaracterização de obras de arte e de outros bens de valor histórico, artístico ou cultural;

V - proporcionar os meios de acesso à cultura, à educação e à ciência;
VI - proteger o meio ambiente e combater a poluição em qualquer de suas formas;
VII - preservar as florestas, a fauna e a flora;
VIII - fomentar a produção agropecuária e organizar o abastecimento alimentar;
IX - promover programas de construção de moradias e a melhoria das condições habitacionais e de saneamento básico;
[...]
XI - registrar, acompanhar e fiscalizar as concessões de direitos de pesquisa e exploração de recursos hídricos e minerais em seus territórios;

Artigo 24 - Compete à União, aos Estados e ao Distrito Federal legislar concorrentemente sobre:
I - direito tributário, financeiro, penitenciário, econômico e urbanístico;
[...]
V - produção e consumo;
VI - florestas, caça, pesca, fauna, conservação da natureza, defesa do solo e dos recursos naturais, proteção do meio ambiente e controle da poluição;
VII - proteção ao patrimônio histórico, cultural, artístico, turístico e paisagístico;
VIII - responsabilidade por dano ao meio ambiente, ao consumidor, a bens e direitos de valor artístico, estético, histórico, turístico e paisagístico.

Capítulo III - dos Estados federados

Artigo 26 - Incluem-se entre os bens dos Estados:
I - as águas superficiais ou subterrâneas, fluentes, emergentes e em depósito, ressalvadas, neste caso, na forma da lei, as decorrentes de obras da União;
II - as áreas, nas ilhas oceânicas e costeiras, que estiverem no seu domínio, excluídas aquelas sob domínio da União, Municípios ou terceiros;
III - as ilhas fluviais e lacustres não pertencentes à União;
IV - as terras devolutas não compreendidas entre as da União.

Capítulo IV - dos Municípios

Artigo 30 - Compete aos Municípios:

I - legislar sobre assuntos de interesse local;

II - suplementar a legislação federal e a estadual no que couber;

[...]

VIII - promover, no que couber, adequado ordenamento territorial, mediante planejamento e controle do uso, do parcelamento e da ocupação do solo urbano;

IX - promover a proteção do patrimônio histórico-cultural local, observada a legislação e a ação fiscalizadora federal e estadual.

Título VIII - da Ordem Social
Capítulo VI - do Meio Ambiente

Artigo 225 - Todos têm direito ao meio ambiente ecologicamente equilibrado, bem de uso comum do povo e essencial à sadia qualidade de vida, impondo-se ao Poder Público e à coletividade o dever de defendê-lo e preservá-lo para as presentes e futuras gerações.

Parágrafo 1° - Para assegurar a efetividade desse direito, incumbe ao Poder Público:

I - preservar e restaurar os processos ecológicos essenciais e prover o manejo ecológico das espécies e ecossistemas;

II - preservar a diversidade e a integridade do patrimônio genético do País e fiscalizar as entidades dedicadas à pesquisa e manipulação de material genético;

III - definir, em todas as unidades da Federação, espaços territoriais e seus componentes a serem especialmente protegidos, sendo a alteração e a supressão permitidas somente através de lei, vedada qualquer utilização que comprometa a integridade dos atributos que justifiquem sua proteção;

IV - exigir, na forma da lei, para instalação de obra ou atividade potencialmente causadora de significativa degradação do meio ambiente, estudo prévio de impacto ambiental, a que se dará publicidade[1];

---

[1] Quatro pontos devem ser destacados neste *mandamento constitucional* (Machado, 1991, p. 122-123): 1 - o estudo de impacto ambiental deve ser anterior à autorização da obra e/ou autorização da atividade; assim, esse estudo não pode ser concomitante nem posterior à obra ou atividade; 2 - o estudo de impacto ambiental deve ser exigido pelo Poder Público; 3 - existe a diferenciação entre instalação da obra e funcionamento da atividade; para ambas, pode ser exigido o estudo de impacto ambiental; 4 - o estudo de impacto ambiental tem, como uma de suas características, a publicidade.

V - controlar a produção, a comercialização e o emprego de técnicas, métodos e substâncias que comportem risco para a vida, a qualidade de vida e o meio ambiente;

VI - promover a educação ambiental em todos os níveis de ensino e a conscientização pública para a preservação do meio ambiente;

VII - proteger a fauna e a flora, vedadas, na forma da lei, as práticas que coloquem em risco sua função ecológica, provoquem a extinção de espécies ou submetam os animais a crueldade.

Parágrafo 2° - Aquele que explorar recursos minerais fica obrigado a recuperar o meio ambiente degradado, de acordo com solução técnica exigida pelo Órgão público competente, na forma da lei.

Parágrafo 3° - As condutas e atividades consideradas lesivas ao meio ambiente sujeitarão os infratores, pessoas físicas ou jurídicas, a sanções penais e administrativas, independentemente da obrigação de reparar os danos causados.

Parágrafo 4° - A Floresta Amazônica brasileira, a Mata Atlântica, a Serra do Mar, o Pantanal Mato-Grossense e a Zona Costeira são Patrimônio nacional, e sua utilização far-se-á, na forma da lei, dentro de condições que assegurem a preservação do meio ambiente, inclusive quanto ao uso dos recursos naturais.

Parágrafo 5° - São indisponíveis as terras devolutas ou arrecadadas pelos Estados, por ações discriminatórias, necessárias à proteção dos ecossistemas naturais.

Parágrafo 6° - As usinas que operem com reator nuclear deverão ter sua localização definida em lei federal, sem o que não poderão ser instaladas.

1.2.2 Constituições estaduais

Os Estados, ao elaborarem as suas Constituições nos termos preconizados pelo Art. 11 do Ato das Disposições Transitórias da Constituição Federal, fizeram inserir em seus textos, quase por unanimidade, previsões específicas acerca dos estudos de impacto ambiental (Milaré; Benjamin, 1993, p. 22-23), consolidando-os definitivamente:

Alagoas - Art. 217, IV;
Amazonas - Arts. 230, VI, e 235;
Bahia - Art. 214, IV;
Ceará - Art. 264;

Espírito Santo - Art. 187;
Goiás - Art. 132, § 3°;
Maranhão - Art. 241, VIII;
Mato Grosso - Art. 263, parágrafo único, IV;
Mato Grosso do Sul - Art. 222, § 2°, IV;
Minas Gerais - Art. 214, § 1°, IV, e § 2°;
Pará - Art. 255, § 1°;
Paraíba - Art. 228, § 2°;
Paraná - Art. 207, § 1°, V;
Pernambuco - Art. 215;
Piauí - Art. 237, § 1°, IV;
Rio de Janeiro - Art. 258, § 1°, X;
Rio Grande do Norte - Art. 150, § 1°, IV;
Rio Grande do Sul - Art. 251, § 1°, V;
Rondônia - Art. 219, VI;
Santa Catarina - Art. 182, V;
São Paulo - Art. 192, § 2°;
Sergipe - Art. 232, § 1°, IV.

1.2.3 Outros diplomas legais

Lei n° 6.938/81, de 31 de agosto de 1981 - Dispõe sobre a Política Nacional do Meio Ambiente, seus fins e mecanismos de formulação e aplicação, e dá outras providências

Nesta Lei, considerada um dos maiores marcos do ambientalismo brasileiro, o Estudo de Impacto Ambiental é elevado à categoria de instrumento da Política Nacional de Meio Ambiente, não havendo qualquer limitação ou condicionante de sua aplicação, possível em projetos públicos e particulares localizados em áreas urbanas, suburbanas ou rurais, tanto em áreas críticas de poluição quanto em áreas não impactadas. Não foi estabelecido o conteúdo mínimo do EIA e o momento de sua preparação, bem como a possibilidade de participação popular na sua aplicação.

Além do mais, a avaliação dos impactos ambientais é acoplada ao licenciamento ambiental:

Dos instrumentos da Política Nacional do Meio Ambiente

Art. 9° - São instrumentos da Política Nacional do Meio Ambiente:

[...]
III - a avaliação de impactos ambientais;
IV - o licenciamento e a revisão de atividades efetiva ou potencialmente poluidoras;
[...]

Art. 10 - A construção, instalação, ampliação e funcionamento de estabelecimentos e atividades utilizadoras de recursos ambientais, considerados efetiva ou potencialmente poluidores, bem como os capazes, sob qualquer forma, de causar degradação ambiental, dependerão de prévio licenciamento por órgão estadual competente, integrante do Sisnama, sem prejuízo de outras licenças exigíveis.

Resolução 001/86 do Conama, de 23 de janeiro de 1986
Esta Resolução do Conama inicia definindo o que se deve entender por *impacto ambiental*:

Art. 1º - Para efeito desta Resolução, considera-se impacto ambiental qualquer alteração das propriedades físicas, químicas e biológicas do meio ambiente, causada por qualquer forma de matéria ou energia resultante das atividades humanas que, direta ou indiretamente, afetam:
I - a saúde, a segurança e o bem-estar da população;
II - as atividades sociais e econômicas;
III - a biota;
IV - as condições estéticas e sanitárias do meio ambiente;
V - a qualidade dos recursos ambientais.

Além disso, ela é a mais explícita e importante ao vincular o Estudo de Impacto Ambiental (EIA) e o Relatório de Impacto Ambiental (Rima) ao licenciamento ambiental:

Art. 2º - Dependerá de elaboração de estudo de impacto ambiental e respectivo Relatório de Impacto Ambiental - Rima, a serem submetidos à aprovação do órgão estadual competente, e da Sema em caráter supletivo, o licenciamento de atividades modificadoras do meio ambiente, tais como:
I - estradas de rodagem com 2 (duas) ou mais faixas de rolamento;
II - ferrovias;
III - portos e terminais de minério, petróleo e produtos químicos;

IV - aeroportos, conforme definidos pelo inciso I, artigo 48, do Decreto-Lei nº 32, de 18 de novembro de 1966;

V - oleodutos, gasodutos, minerodutos, troncos coletores e emissários de esgotos sanitários;

VI - linhas de transmissão de energia elétrica, acima de 230 kV;

VII - obras hidráulicas para exploração de recursos hídricos, tais como: barragem para fins hidrelétricos, acima de 10 MW, de saneamento ou irrigação, abertura de canais para navegação, drenagem e irrigação, retificação de cursos d'água, abertura de barras e embocaduras, transposição de bacias, diques;

VIII - extração de combustível fóssil (petróleo, xisto, carvão);

IX - extração de minério, inclusive os da classe II, definidas no Código de Mineração;

X - aterros sanitários, processamento e destino final de resíduos tóxicos ou perigosos;

XI - usinas de geração de eletricidade, qualquer que seja a fonte de energia primária, acima de 10 MW;

XII - complexo e unidades industriais e agroindustriais (petroquímicos, siderúrgicos, cloroquímicos, destilarias de álcool, hulha, extração e cultivo de recursos hídricos);

XIII - distritos industriais e Zonas Estritamente Industriais - ZEI;

XIV - exploração econômica de madeira ou de lenha, em áreas acima de 100 ha (cem hectares) ou menores, quando atingir áreas significativas em termos percentuais ou de importância do ponto de vista ambiental;

XV - projetos urbanísticos, acima de 100 ha (cem hectares) ou em áreas consideradas de relevante interesse ambiental a critério da SEMA e dos órgãos municipais e estaduais competentes;

XVI - qualquer atividade que utilize carvão vegetal, em quantidade superior a 10 t (dez toneladas) por dia.

Art. 3º - Dependerá de elaboração de estudo de impacto ambiental e respectivo Rima, a serem submetidos à aprovação da Sema, o licenciamento de atividades que, por lei, seja de competência federal.

Art. 4º - Os órgãos ambientais competentes e os órgãos setoriais do Sisnama deverão compatibilizar os processos de licenciamento com as etapas de planejamento e implantação das atividades modificadoras do meio ambiente, respeitados os critérios e diretrizes estabelecidos por esta Resolução e tendo por base a natureza, o porte e as peculiaridades de cada atividade.

A Resolução 001/86 delimita cuidadosamente a abrangência (Art. 5°) e o conteúdo (Art. 6°) dos Estudos de Impacto Ambiental:

Art. 5° - O estudo de impacto ambiental, além de atender à legislação, em especial os princípios e objetivos expressos na Lei de Política Nacional do Meio Ambiente, obedecerá às seguintes diretrizes gerais:

I - contemplar todas as alternativas tecnológicas e de localização do projeto, confrontando-as com a hipótese de não execução do projeto;

II - identificar e avaliar sistematicamente os impactos ambientais gerados nas fases de implantação e operação da atividade;

III - definir os limites da área geográfica a ser direta ou indiretamente afetada pelos impactos, denominada área de influência do projeto, considerando, em todos os casos, a bacia hidrográfica na qual se localiza;

IV - considerar os planos e programas governamentais propostos e em implantação na área de influência do projeto, e sua compatibilidade.

Parágrafo único - Ao determinar a execução do estudo de impacto ambiental, o órgão estadual competente, ou a Sema ou, quando couber, o município, fixará as diretrizes adicionais que, pelas peculiaridades do projeto e características ambientais da área, forem julgadas necessárias, inclusive os prazos para conclusão e análise dos estudos.

Art. 6° - O estudo de impacto ambiental desenvolverá, no mínimo, as seguintes atividades técnicas:

I - diagnóstico ambiental da área de influência do projeto, completa descrição e análise dos recursos ambientais e suas interações, tal como existem, de modo a caracterizar a situação ambiental da área, antes da implantação do projeto, considerando:

a. o meio físico - o subsolo, as águas, o ar e o clima, destacando os recursos minerais, a topografia, os tipos e aptidões do solo, os corpos d'água, o regime hidrológico, as correntes marinhas, as correntes atmosféricas;

b. o meio biológico e os ecossistemas naturais - a fauna e a flora, destacando as espécies indicadoras da qualidade ambiental, de valor científico e econômico, raras e ameaçadas de extinção e as áreas de preservação permanente;

c. o meio socioeconômico - o uso e ocupação do solo, os usos da água e a socioeconomia, destacando os sítios e monumentos arqueológicos, históricos e culturais da comunidade, as relações de dependência entre a sociedade local, os recursos ambientais e a potencial utilização futura desses recursos.

II - análise dos impactos ambientais do projeto e de suas alternativas, através de identificação, previsão da magnitude e interpretação da importância dos prováveis impactos relevantes, discriminando: os impactos positivos e negativos (benéficos e adversos), diretos e indiretos, imediatos e a médio e longo prazos, temporários e permanentes; seu grau de reversibilidade; suas propriedades cumulativas e sinérgicas; a distribuição dos ônus e benefícios sociais;

III - definição das medidas mitigadoras dos impactos negativos, entre elas os equipamentos de controle e sistemas de tratamento de despejos, avaliando a eficiência de cada uma delas;

IV - elaboração do programa de acompanhamento e monitoramento dos impactos positivos e negativos, indicando os fatores e parâmetros a serem considerados.

Parágrafo único - Ao determinar a execução do estudo de impacto ambiental, o órgão estadual competente, ou o Sema ou, quando couber, o Município fornecerá as instruções adicionais que se fizerem necessárias, pelas peculiaridades do projeto e características ambientais da área.

O conteúdo do Relatório de Impacto Ambiental (Rima) é igualmente estabelecido nesta Resolução:

Art. 9° - O Relatório de Impacto Ambiental - Rima refletirá as conclusões do estudo de impacto ambiental e conterá, no mínimo:

I - os objetivos e justificativas do projeto, sua relação e compatibilidade com as políticas setoriais, planos e programas governamentais;

II - a descrição do projeto e suas alternativas tecnológicas e locacionais, especificando para cada um deles, nas fases de construção e operação, a área de influência, as matérias-primas, a mão de obra, as fontes de energia, os processos e técnicas operacionais, os prováveis efluentes, emissões, resíduos e perdas de energia, os empregos diretos e indiretos a serem gerados;

III - a síntese dos resultados dos estudos de diagnóstico ambiental da área de influência do projeto;

IV - a descrição dos prováveis impactos ambientais da implantação e operação da atividade, considerando o projeto, suas alternativas, os horizontes de tempo de incidência dos impactos e indicando os métodos, técnicas e critérios adotados para sua identificação, quantificação e interpretação;
V - a caracterização da qualidade ambiental futura da área de influência, comparando as diferentes situações da adoção do projeto e suas alternativas, bem como com a hipótese de sua não realização;
VI - a descrição do efeito esperado das medidas mitigadoras previstas em relação aos impactos negativos, mencionando aqueles que não puderam ser evitados, e o grau de alteração esperado;
VII - o programa de acompanhamento e monitoramento dos impactos;
VIII - recomendação quanto à alternativa mais favorável (conclusões e comentários de ordem geral).

Parágrafo único - O Rima deve ser apresentado de forma objetiva e adequada à sua compreensão. As informações devem ser traduzidas em linguagem acessível, ilustradas por mapas, cartas, quadros, gráficos e demais técnicas de comunicação visual, de modo que se possam entender as vantagens e desvantagens do projeto, bem como todas as conseqüências ambientais de sua implementação.

Resolução 009/87 do Conama, de 3 de dezembro de 1987 [que foi publicada no Diário Oficial da União somente em 5 de julho de 1990]
Esta Resolução tem, como objetivo, definir os contornos, contextos, prazos e outros atributos da Audiência Pública, assim definida:
Art. 1° - A Audiência Pública referida na RESOLUÇÃO/CONAMA/N° 001/86 tem por finalidade expor aos interessados o conteúdo do produto em análise e do seu referido Rima, dirimindo dúvidas e recolhendo dos presentes as críticas e sugestões a respeito.

Decreto n° 99.274, de 6 de junho de 1990 - Regulamenta a Lei n° 6.902, de 27 de abril de 1981, e a Lei n° 6.938, de 31 de agosto de 1981, que dispõem, respectivamente, sobre a criação de Estações Ecológicas e Áreas de Proteção Ambiental e sobre a Política Nacional de Meio Ambiente, e dá outras providências [Este decreto substituiu o Decreto n° 88.351, de 1° de junho de 1983]

A ligação dos impactos ambientais, por meio dos Estudos de Impacto Ambiental e dos Relatórios de Impacto Ambiental, com o licenciamento é detalhada em três fases bem distintas:

Capítulo IV - do licenciamento das atividades
art. 17 - A construção, instalação, ampliação e funcionamento de estabelecimento de atividades utilizadoras de recursos ambientais, consideradas efetiva ou potencialmente poluidoras, bem assim os empreendimentos capazes, sob qualquer forma, de causar degradação ambiental, dependerão de prévio licenciamento do órgão estadual competente integrante do Sisnama, sem prejuízo de outras licenças legalmente exigíveis.

[...]

Art. 19 - O Poder Público, no exercício de sua competência de controle, expedirá as seguintes licenças:

I - Licença Prévia (LP), na fase preliminar do planejamento da atividade, contendo os requisitos básicos a serem atendidos nas fases de localização, instalação e operação, observados os planos municipais, estaduais ou federais de uso do solo;

II - Licença de Instalação (LI), autorizando o início da implantação, de acordo com as especificações constantes do Projeto Executivo aprovado; e

III - Licença de Operação (LO), autorizando, após as verificações necessárias, o início da atividade licenciada e o funcionamento de seus equipamentos de controle de poluição, de acordo com o previsto nas Licenças Prévia e de Instalação.

Resolução Conama nº 237, dezembro de 1997
Esta resolução do Conama teve como objetivo efetuar uma revisão do sistema de licenciamento ambiental (em conformidade com as diretrizes estabelecidas na Resolução Conama nº 011/94), no sentido de utilizá-lo como instrumento de gestão ambiental, instituído pela Política Nacional do Meio Ambiente. Esta revisão dos procedimentos e critérios utilizados no licenciamento ambiental, entretanto, deu-se em prejuízo da questão ambiental. De fato, a resolução, já nos seus *considerandos*, de forma técnica ou juridicamente inexplicável, mistura "os instrumentos de gestão ambiental, visando o desenvolvimento sustentável e a melhoria contínua".

Com fortíssima tendência liberalizante quanto aos prazos e alguns critérios, a resolução, em seu artigo 21, revoga os artigos 3° e 7° da Resolução Conama n° 001, de 23 de janeiro de 1986; pela revogação do artigo 7° da Resolução Conama n° 001, torna-se possível ao próprio empreendedor de um empreendimento, projeto ou obra realizar o EIA-Rima:

Art. 11 - Os estudos necessários ao processo de licenciamento deverão ser realizados por profissionais legalmente habilitados, às expensas do empreendedor.

Parágrafo único - O empreendedor e os profissionais que subscrevem os estudos previstos no caput deste artigo serão responsáveis pelas informações apresentadas, sujeitando-se às sanções administrativas, civis e penais.

Esta peça jurídica está, além do mais, eivada de indeterminações e discricionariedades que podem ser verificadas pelos numerosos "poderá", "poderão", "quando couber", "quando puder", "quando necessário" e "se necessário" nela existentes.

Efetivada em contexto revisionista e municipalista, a resolução resolve que:

Art. 1° - Para efeito desta Resolução são adotadas as seguintes definições:

I - Licenciamento Ambiental: procedimento administrativo pelo qual o órgão ambiental competente licencia a localização, instalação, ampliação e a operação de empreendimentos e atividades utilizadoras de recursos ambientais consideradas efetiva ou potencialmente poluidoras ou daquelas que, sob qualquer forma, possam causar degradação ambiental, considerando as disposições legais e regulamentares e as normas técnicas aplicáveis ao caso.

II - Licença Ambiental: ato administrativo pelo qual o órgão ambiental competente estabelece as condições, restrições e medidas de controle ambiental que deverão ser obedecidas pelo empreendedor, pessoa física ou jurídica, para localizar, instalar, ampliar e operar empreendimentos ou atividades utilizadoras dos recursos ambientais consideradas efetiva ou potencialmente poluidoras ou aquelas que, sob qualquer forma, possam causar degradação ambiental.

III - Estudos Ambientais: são todos e quaisquer estudos relativos aos aspectos ambientais relacionados à localização, instalação, operação e ampliação de uma atividade ou empreendimento, apresentado como subsídio para a análise da licença requerida, tais como: relatório ambiental, plano e projeto de controle ambiental, relatório ambiental preliminar, diagnóstico ambiental, plano de manejo, plano de recuperação de área degradada e análise preliminar de risco.

IV – Impacto Ambiental Regional: é todo e qualquer impacto ambiental que afete diretamente (área de influência direta do projeto), no todo ou em parte, o território de dois ou mais Estados.

Art. 2º - A localização, construção, instalação, ampliação, modificação e operação de empreendimentos e atividades utilizadoras de recursos ambientais consideradas efetiva ou potencialmente poluidoras, bem como os empreendimentos capazes, sob qualquer forma, de causar degradação ambiental, dependerão de prévio licenciamento do órgão ambiental competente, sem prejuízo de outras licenças legalmente exigíveis.

§ 1º - Estão sujeitos ao licenciamento ambiental os empreendimentos e as atividades relacionadas no Anexo 1, parte integrante desta Resolução.

§ 2º - Caberá ao órgão ambiental competente definir os critérios de exigibilidade, o detalhamento e a complementação do Anexo 1, levando em consideração as especificidades, os riscos ambientais, o porte e outras características do empreendimento ou atividade.

O parágrafo 2º mantém a discricionariedade do Poder Público quanto à exigibilidade do EIA-Rima, que era sustentada pelo famoso "tais como" do Art. 2º da Resolução Conama nº 001, de 23 de janeiro de 1986.

As determinações de competências para exercer e exigir o licenciamento ambiental (artigos 4º, 5º 6º e 7º) configuram imensa inconstitucionalidade, especialmente ao afirmar que:

Art. 7º - Os empreendimentos e atividades serão licenciados em um único nível de competência, conforme estabelecido nos artigos anteriores.

No tocante às licenças ambientais, permanecem as três anteriormente vigentes, conforme segue:

Art. 8º - O Poder Público, no exercício de sua competência de controle, expedirá as seguintes licenças:

I - Licença Prévia (LP) - concedida na fase preliminar do planejamento do empreendimento ou atividade, aprovando sua localização e concepção, atestando a viabilidade ambiental e estabelecendo os requisitos básicos e condicionantes a serem atendidos nas próximas fases de sua implementação;

II - Licença de Instalação (LI) - autoriza a instalação do empreendimento ou atividade de acordo com as especificações constantes dos planos, programas e projetos aprovados, incluindo as medidas de controle ambiental e demais condicionantes, da qual constituem motivo determinante;

III - Licença de Operação (LO) - autoriza a operação da atividade ou empreendimento, após a verificação do efetivo cumprimento do que consta das licenças anteriores, com as medidas de controle ambiental e condicionantes determinados para a operação.

Parágrafo único - As licenças ambientais poderão ser expedidas isolada ou sucessivamente, de acordo com a natureza, características e fase do empreendimento ou atividade.

Os procedimentos podem ser compatibilizados, agilizados, simplificados e ajuntados pelo Poder Público, conforme segue:

Art. 12 - O órgão ambiental competente definirá, se necessário, procedimentos específicos para as licenças ambientais, observadas a natureza, características e peculiaridades da atividade ou empreendimento e, ainda, a compatibilização do processo de licenciamento com as etapas de planejamento, implantação e operação.

§ 1° - Poderão ser estabelecidos procedimentos simplificados para as atividades e empreendimentos de pequeno potencial de impacto ambiental, que deverão ser aprovados pelos respectivos Conselhos de Meio Ambiente.

§ 2° - Poderá ser admitido um único processo de licenciamento ambiental para pequenos empreendimentos e atividades similares e vizinhos ou para aqueles integrantes de planos de desenvolvimento aprovados, previamente, pelo órgão governamental competente, desde que definida a responsabilidade legal pelo conjunto de empreendimentos ou atividades.

§ 3° - Deverão ser estabelecidos critérios para agilizar e simplificar os procedimentos de licenciamento ambiental das atividades e empreendimentos que implementem planos e programas voluntários de gestão ambiental, visando a melhoria contínua e o aprimoramento do desempenho ambiental.

Os prazos de validade das licenças ambientais são exageradamente longos, não levando em conta sequer a realidade da duração média das empresas nacionais, tendo o Poder Público novamente acrescido sua discricionariedade:

Art. 18 - O órgão ambiental competente estabelecerá os prazos de validade de cada tipo de licença, especificando-os no respectivo documento, levando em consideração os seguintes aspectos:

I - O prazo de validade da Licença Prévia (LP) deverá ser, no mínimo, o estabelecido pelo cronograma de elaboração dos planos, programas e projetos relativos ao empreendimento ou atividade, não podendo ser superior a 5 (cinco) anos.

II - O prazo de validade da Licença de Instalação (LI) deverá ser, no mínimo, o estabelecido pelo cronograma de instalação do empreendimento ou atividade, não podendo ser superior a 6 (seis) anos.

III - O prazo de validade da Licença de Operação (LO) deverá considerar os planos de controle ambiental e será de, no mínimo, 4 (quatro) anos e, no máximo, 10 (dez) anos.

§ 1° - A Licença Prévia (LP) e a Licença de Instalação (LI) poderão ter os prazos de validade prorrogados, desde que não ultrapassem os prazos máximos estabelecidos nos incisos I e II.

§ 2° - O órgão ambiental competente poderá estabelecer prazos de validade específicos para a Licença de Operação (LO) de empreendimentos ou atividades que, por sua natureza e peculiaridades, estejam sujeitos a encerramento ou modificação em prazos inferiores.

§ 3° - Na renovação da Licença de Operação (LO) de uma atividade ou empreendimento, o órgão ambiental competente poderá, mediante decisão motivada, aumentar ou diminuir o seu prazo de validade, após avaliação do desempenho ambiental da atividade ou empreendimento no período de vigência anterior, respeitados os limites estabelecidos no inciso III.

§ 4° - A renovação da Licença de Operação (LO) de uma atividade ou empreendimento deverá ser requerida com antecedência mínima de 120 (cento e vinte) dias da expiração de seu prazo de validade, fixado na respectiva licença, ficando este automaticamente prorrogado até a manifestação definitiva do órgão ambiental competente.

O Anexo 1 pretende ser uma lista exaustiva, conforme registrado a seguir.

Anexo 1
Atividades ou empreendimentos sujeitas ao licenciamento ambiental

Extração e tratamento de minerais
- pesquisa mineral com guia de utilização

- lavra a céu aberto, inclusive de aluvião, com ou sem beneficiamento
- lavra subterrânea com ou sem beneficiamento
- lavra garimpeira
- perfuração de poços e produção de petróleo e gás natural

Indústria de produtos minerais não metálicos
- beneficiamento de minerais não metálicos, não associados à extração
- fabricação e elaboração de produtos minerais não metálicos tais como: produção de material cerâmico, cimento, gesso, amianto e vidro, entre outros.

Indústria metalúrgica
- fabricação de aço e de produtos siderúrgicos
- produção de fundidos de ferro e aço/forjados/arames/relaminados com ou sem tratamento de superfície, inclusive galvanoplastia
- metalurgia dos metais não ferrosos, em formas primárias e secundárias, inclusive ouro
- produção de laminados/ligas/artefatos de metais não ferrosos com ou sem tratamento de superfície, inclusive galvanoplastia
- relaminação de metais não ferrosos, inclusive ligas
- produção de soldas e ânodos
- metalurgia de metais preciosos
- metalurgia do pó, inclusive peças moldadas
- fabricação de estruturas metálicas com ou sem tratamento de superfície, inclusive galvanoplastia
- fabricação de artefatos de ferro/aço e de metais não ferrosos com ou sem tratamento de superfície, inclusive galvanoplastia
- têmpera e cementação de aço, recozimento de arames, tratamento de superfície

Indústria mecânica
- fabricação de máquinas, aparelhos, peças, utensílios e acessórios com e sem tratamento térmico e/ou de superfície

Indústria de material elétrico, eletrônico e comunicações
- fabricação de pilhas, baterias e outros acumuladores

- fabricação de material elétrico, eletrônico e equipamentos para telecomunicação e informática
- fabricação de aparelhos elétricos e eletrodomésticos

Indústria de material de transporte
- fabricação e montagem de veículos rodoviários e ferroviários, peças e acessórios
- fabricação e montagem de aeronaves
- fabricação e reparo de embarcações e estruturas flutuantes

Indústria de madeira
- serraria e desdobramento de madeira
- preservação de madeira
- fabricação de chapas, placas de madeira aglomerada, prensada e compensada
- fabricação de estruturas de madeira e de móveis

Indústria de papel e celulose
- fabricação de celulose e pasta mecânica
- fabricação de papel e papelão
- fabricação de artefatos de papel, papelão, cartolina, cartão e fibra prensada

Indústria de borracha
- beneficiamento de borracha natural
- fabricação de câmaras de ar e fabricação e recondicionamento de pneumáticos
- fabricação de laminados e fios de borracha
- fabricação de espuma de borracha e de artefatos de espuma de borracha, inclusive látex

Indústria de couros e peles
- secagem e salga de couros e peles
- curtimento e outras preparações de couros e peles
- fabricação de artefatos diversos de couros e peles
- fabricação de cola animal

Indústria química
- produção de substâncias e fabricação de produtos químicos
- fabricação de produtos derivados do processamento de petróleo, de rochas betuminosas e da madeira
- fabricação de combustíveis não derivados de petróleo
- produção de óleos/gorduras/ceras vegetais-animais/óleos essenciais vegetais e outros produtos da destilação da madeira
- fabricação de resinas e de fibras e fios artificiais e sintéticos e de borracha e látex sintéticos
- fabricação de pólvora/explosivos/detonantes/munição para caça-desporto, fósforo de segurança e artigos pirotécnicos
- recuperação e refino de solventes, óleos minerais, vegetais e animais
- fabricação de concentrados aromáticos naturais, artificiais e sintéticos
- fabricação de preparados para limpeza e polimento, desinfetantes, inseticidas, germicidas e fungicidas
- fabricação de tintas, esmaltes, lacas, vernizes, impermeabilizantes, solventes e secantes
- fabricação de fertilizantes e agroquímicos
- fabricação de produtos farmacêuticos e veterinários
- fabricação de sabões, detergentes e velas
- fabricação de perfumarias e cosméticos
- produção de álcool etílico, metanol e similares

Indústria de produtos de matéria plástica
- fabricação de laminados plásticos
- fabricação de artefatos de material plástico

Indústria têxtil, de vestuário, calçados e artefatos de tecidos
- beneficiamento de fibras têxteis, vegetais, de origem animal e sintéticos
- fabricação e acabamento de fios e tecidos
- tingimento, estamparia e outros acabamentos em peças do vestuário e artigos diversos de tecidos
- fabricação de calçados e componentes para calçados

Indústria de produtos alimentares e bebidas
- beneficiamento, moagem, torrefação e fabricação de produtos alimentares
- matadouros, abatedouros, frigoríficos, charqueadas e derivados de origem animal
- fabricação de conservas
- preparação de pescados e fabricação de conservas de pescados
- preparação, beneficiamento e industrialização de leite e derivados
- fabricação e refinação de açúcar
- refino/preparação de óleo e gorduras vegetais
- produção de manteiga, cacau, gorduras de origem animal para alimentação
- fabricação de fermentos e leveduras
- fabricação de rações balanceadas e de alimentos preparados para animais
- fabricação de vinhos e vinagre
- fabricação de cervejas, chopes e maltes
- fabricação de bebidas não alcoólicas, bem como engarrafamento e gaseificação de águas minerais
- fabricação de bebidas alcoólicas

Indústria de fumo
- fabricação de cigarros/charutos/cigarrilhas e outras atividades de beneficiamento do fumo

Indústrias diversas
- usinas de produção de concreto
- usinas de asfalto
- serviços de galvanoplastia

Obras civis
- rodovias, ferrovias, hidrovias, metropolitanos
- barragens e diques
- canais para drenagem
- retificação de curso de água
- abertura de barras, embocaduras e canais

- transposição de bacias hidrográficas
- outras obras de arte

Serviços de utilidade
- produção de energia termoelétrica
- transmissão de energia elétrica
- estações de tratamento de água
- interceptores, emissários, estação elevatória e tratamento de esgoto sanitário
- tratamento e destinação de resíduos industriais (líquidos e sólidos)
- tratamento/disposição de resíduos especiais tais como: de agroquímicos e suas embalagens usadas e de serviço de saúde, entre outros
- tratamento e destinação de resíduos sólidos urbanos, inclusive aqueles provenientes de fossas
- dragagem e derrocamentos em corpos d'água
- recuperação de áreas contaminadas ou degradadas

Transporte, terminais e depósitos
- transporte de cargas perigosas
- transporte por dutos
- marinas, portos e aeroportos
- terminais de minério, petróleo e derivados e produtos químicos
- depósitos de produtos químicos e produtos perigosos

Turismo
- complexos turísticos e de lazer, inclusive parques temáticos e autódromos

Atividades diversas
- parcelamento do solo
- distrito e polo industrial

Atividades agropecuárias
- projeto agrícola
- criação de animais
- projetos de assentamentos e de colonização

Uso de recursos naturais
- silvicultura
- exploração econômica da madeira ou lenha e subprodutos florestais
- atividade de manejo de fauna exótica e criadouro de fauna silvestre
- utilização do patrimônio genético natural
- manejo de recursos aquáticos vivos
- introdução de espécies exóticas e/ou geneticamente modificadas
- uso da diversidade biológica pela biotecnologia

Capítulo 2 | A Geoquímica Ambiental

2.1 Definição e posicionamento epistemológico

A Geoquímica Clássica é uma disciplina que divide a realidade em compartimentos que vão do cosmo até os solos, passando, entrementes, pelas rochas. Assim, aparecem a Cosmogeoquímica, a Geoquímica de Solos e a Geoquímica de Rochas. A integração desses compartimentos, na visão da Geoquímica Clássica, é feita pelo *ciclo geoquímico*, que inclui uma fonte, um transporte e uma deposição (ou "residência") de um elemento químico nos diversos compartimentos (Gough, 1993). Em última análise, no ciclo geoquímico tudo é referido às diferenciações do manto terrestre que deram origem às demais geosferas hoje existentes: litosfera, pedosfera, hidrosfera, criosfera, atmosfera, biosfera e antroposfera (esta, também denominada noosfera (Vernadsky, 1998; 1945; Allegre, 1994), inclui compartimentos artificiais totalmente inéditos: a espaçosfera (Rohde, 1996) e a plastosfera (De Duve, 1997)).

Essa Geoquímica tradicional centra-se nas questões de abundância, distribuição e valores-limite ou limiares dos elementos químicos nos diversos compartimentos terrestres (Turekian; Wedepohl, 1961; Rösler; Lange, 1972, por exemplo). Dentro desse paradigma naturalista, um desvio da norma prevista para a realidade pelos valores estabelecidos pela Geoquímica Clássica constitui um padrão químico anormal ou uma irregularidade, e é denominado *anomalia* (Rose; Hawkes; Webb, 1991).

Tendo sido estabelecidos os valores médios dos compartimentos da geosfera (crosta continental, crosta oceânica, arenitos e folhelhos, por exemplo), a *ciência normal* (Kuhn, 1975) recaiu sempre sobre os contrastes das anomalias e sua explicação causal, ainda mais levando em conta que as anomalias da crosta, na maioria das vezes, são sinônimos de *recursos minerais* ou até de jazidas.

Na Geoquímica Clássica não há, contudo, uma geoquímica da *antroposfera*, e isso se deve a dois fatores distintos que se complementaram na formação desta disciplina:

1. a inserção em uma fase histórica na qual as contribuições das ações humanas sobre os ciclos terrestres eram inexpressivas do ponto de vista quantitativo ("científico") e desprezíveis do ponto de vista ambiental ("prático") (para o caso dos rios, "do estágio prístino até a poluição global", ver o trabalho de Meybeck e Helmer (1989));
2. a impossibilidade teórica da existência da antroposfera em razão da posição paradigmática naturalista explicitamente assumida, com o consequente abandono das anomalias antropogênicas (no paradigma geoquímico naturalista, as anomalias antropogênicas são classificadas como "falsas" (Levinson, 1974) e afastadas da discussão ou sequer aparecem nas que são "não significativas" (Rose; Hawkes; Webb, 1991)).

2.1.1 Geoquímica Aplicada

A abordagem epistemológica tradicional, que aplica a Geoquímica Clássica (ver, por exemplo, Moreira-Nordemann (1987)) à questão ambiental ("Geoquímica Aplicada") sem realizar a mudança do paradigma natural para o ambiental (Rohde, 1996) possibilita o surgimento de duas situações alternativas principais:

1. a identificação das ações humanas mais concentradas ou graves como "anomalias antropogênicas", as quais são contrastadas com os valores regionais ou locais de *background* natural (por exemplo, metais no Canadá (Painter et al., 1994)); essa tentativa teórica estabelece contrastes entre *backgrounds* e anomalias naturais (determinados pela Geoquímica de Reconhecimento) e aquelas produzidas ou introduzidas no ambiente pela ação humana; a escala de comparação é local ou regional;
2. a pura e simples escamoteação da questão ambiental, com o desvio da abordagem disciplinar para outros focos de atenção, como, por exemplo, refinamentos analíticos, cuidados de amostragem etc., o que leva a conclusões muito fracas do ponto de vista teórico e

prático, tais como áreas contaminadas e não contaminadas (ou "áreas impactadas" *versus* "áreas não impactadas"; "com problemas" em oposição a "sem problemas").

2.1.2 Ingresso no Paradigma Ambiental

A Geoquímica Clássica defronta-se com a *ciência extraordinária* (Kuhn, 1975), a *mudança de paradigma*, apenas ao verificar que os ciclos biogeoquímicos (Butcher et al., 1994) possuem notável contribuição de origem antropúrgica, isto é, antrópica e antropogênica (Skopek; Váchal, 1989), como no caso do enxofre (Kellog et al., 1972), do mercúrio (Johnson, 1997) e dos impactos do uso de combustíveis fósseis (Bertine; Goldberg, 1971).

O ingresso da Geoquímica no *paradigma ambiental* ocorre em um momento em que se verifica a previsão de Vernadsky (1998 [1926]; 1945), na qual a Humanidade, tomada como um todo, torna-se uma força geológica em larga escala, e a noosfera aparece como novo fenômeno geológico (que também pode ser denominado quinário, tecnógeno, antropógeno ou antropostroma, entre outros; na Geoquímica, a denominação mais utilizada é antroposfera). Esse fato pode ser verificado cientificamente, do ponto de vista da Geoquímica, na quantificação das interações da geosfera (Fyfe, 1981; Nriagu; Pacyna, 1988), na emissão global antropogênica de elementos-traço para a atmosfera (Chadwick; Highton; Lindman, 1987), na imensa contribuição antropogênica (70-80%) para o ciclo atmosférico do mercúrio (Mason; Fitzgerald; Morel, 1994), nas taxas de emissão antropogênica de metais-traço (Galloway et al., 1982) e na quantificação comparada de cinzas de carvão e vulcânicas emitidas para a atmosfera (Rohde, 1996).

É nos ciclos biogeoquímicos e na escala global que a abordagem clássica por meio das anomalias antropogênicas chega a um impasse epistemológico definitivo: as "anomalias" passam a ser a porção dominante, ocupando mesmo posição central nos processos (Butcher et al., 1994).

Portanto, a inserção da Geoquímica Ambiental dentro do paradigma ambiental pressupõe que o *Homo sapiens* seja capaz de realizar, além de uma efetuação autopoiética orgânica em nível individual e de espécie, uma efetuação alopoiética "artificial" (Rohde, 1996), que é baseada no uso intensivo de combustíveis fósseis e na criação e introdução de elementos e substâncias sintéticas (pesticidas, plásticos, clorofluorcarbonos, isótopos radioativos e elementos químicos artificiais, entre outros; em 1989, o número de compostos químicos orgânicos sintetizados artificialmente era de 70 mil (Clark, 1989)) no ambiente (Carvalho, 1989).

Dessa forma, a Geoquímica Ambiental é uma Ciência Ambiental e possui relações disciplinares com as Ciências Naturais e as Ciências Sociais, como já prefigurado antes (Vernadsky, 1998 [1926]; 1945).

Geoquímica Ambiental é a disciplina que estuda os processos geoquímicos da antroposfera, o compartimento terrestre geoquímico produzido pela atuação dos seres humanos como um todo e suas influências geoquímicas nos demais compartimentos terrestres. Segundo Carvalho (1989), a Geoquímica Ambiental é nova porque reflete a preocupação geoquímica com as fontes atuais de desequilíbrio da natureza, originadas basicamente dos problemas sociopolíticos de superpopulação, urbanização e industrialização.

Duas abordagens constituem o *núcleo fundamental* e a *base explicativa* (Wright, 1974) da Geoquímica Ambiental:
1. em escala global, o aporte de informações e temáticas para o estudo da *mudança global*;
2. em escala regional ou local, as *paisagens geoquímicas* (Fortescue, 1980).

O estudo da mudança global é alvo de vários programas de pesquisa nacionais e transnacionais (EUA, Alemanha, Japão, Suécia etc.), os quais visam criar a Ciência do Sistema Terrestre. O maior e mais importante desses programas é o International Geosphere-Biosfere Programme, iniciado em 1990.

Já a *nova visão da Geoquímica Ambiental* (Fortescue, 1980) é posta da seguinte maneira:
- com hierarquias de espaço, tempo, complexidade química e esforço científico (Fortescue, 1980, p. 19-25);
- dotada dos princípios ambientais de aproximações sucessivas e de holismo (Fortescue, 1980, p. 25-30); e
- utilizando os conceitos básicos de abundância, migração, fluxos, barreiras, gradientes, história e classificação das paisagens geoquímicas (Fortescue, 1980, p. 43-171).

A Geoquímica Ambiental, assim, tematiza a interação entre geosferas que produzem o surgimento da *paisagem antropogênica*.

2.1.3 Base Interpretativa

O surgimento epistêmico das Ciências Ambientais (Rohde, 1996) vem acompanhado da necessidade teórica de uma base interpretativa, de uma hermenêutica (Wright, 1974) com caráter holístico e sistêmico, uma abordagem inserida na doutrina da compreensão. No caso da Geoquímica Ambiental, há muitas possibilidades abertas para a realização de tal tentativa, entre as quais se destacam:
1. a própria *Geoquímica de Paisagens* (Fortescue, 1980);
2. o *Quinário-Tecnógeno* (Gerasimov, 1979; Chemekov, 1982; Ter-Stepanian, 1988; Carvalho, 1992; Oliveira, 1990);
3. o *Antropostroma* (Passerini, 1984) e a *Antropogeologia* (Jäckli, 1962; 1972; 1982; 1985; Young, 1975);
4. a *Mudança Global* (Oberbeck, 1993; Allègre, 1994; Allègre; Schneider, 1994; Rohde, 1996);
5. as *bombas-relógio geoquímicas* (Stigliani et al., 1991);
6. os *solos construídos* (Giasson; Kämpf; Schneider, 1995; Kämpf; Schneider; Giasson, 1997) e os *solos antrópicos* (Vieira; Vieira, 1981; Smith, 1986).

2.1.4 Abrangência

A Geoquímica Ambiental tem como objetivos principais:
- em nível empírico, determinar a existência, concentração, especiação, mobilidade potencial e migração efetiva dos elementos e substâncias de origem antrópica e antropogênica dentro dos diversos compartimentos terrestres;
- em nível dinâmico, o entendimento sistêmico dos processos e ciclos modificados pela ação humana, incluindo a temática da mudança global; isso pode ser realizado por meios empíricos e por extrapolações e projeções baseadas na utilização de meios virtuais como, por exemplo, a modelagem matemática (Albarède, 1995);
- a avaliação do impacto humano (uma população industrializadora em expansão) na geoquímica da superfície terrestre, evitando os empobrecimentos biológico e socioeconômico associados (Brown, 1993); a determinação do verdadeiro impacto das alterações humanas em ambientes naturais (Fortescue, 1980); estas abordagens do impacto humano

pressupõem uma base teórica que considere os seres humanos como uma força geológica agindo em escala planetária;
- o aporte de critérios para abordagens legais, reguladoras e de planejamento ambiental (Painter et al., 1994); abordagem de questões de saúde pública relacionadas com o ambiente (Fortescue, 1980);
- a criação de uma perspectiva geoquímica de exploração e uso mais eficiente dos recursos, a implementação de alternativas energéticas (a utilização mais intensiva da energia solar) e a reciclagem de materiais;
- o aconselhamento, como seu objetivo final, para uma nova Ética de bem-estar, e racionalismo no uso dos recursos naturais (Carvalho, 1989; Serres, 1991).

2.2 Alguns conceitos e definições

Na prática da Geoquímica Ambiental, o objetivo é a busca, o estabelecimento das mudanças ambientais químicas realizadas em escala ou contexto geológico pela intervenção humana. Uma contaminação ambiental, seja profunda ou superficial, sob certas condições pode se manifestar nas rochas (entende-se por "rocha" o conceito mais amplo, que inclui os materiais geológicos inconsolidados (Whitten; Brooks, 1976, p. 393; Hamilton; Woolley; Bishop, 1974, p. 146; Leinz; Leonardos, 1977, p. 159) e os materiais geológicos artificiais, ou seja, a efetuação litológica antrópica (Rohde, 1996, p. 148-149)), nas águas subterrâneas e superficiais e nos materiais sobrejacentes (solos, plantas etc.) por meio da variação das características químicas desses materiais, possibilitando, assim, a sua detecção através de estudos geoquímicos.

A abundância normal de um elemento em um material, sem influência antrópica ou antropogênica, é denominada *background*, que varia em função dos materiais e dos tipos de influências ambientais, entre outros motivos, e que corresponde ao estado disperso de um elemento em um material amostrado sem a atuação de nenhum agente contaminante. *Threshold* ou *limiar* é o valor superior de oscilação do *background*. No caso de rochas, a Geoquímica Clássica define como *clarke* o seu teor médio na litosfera sólida.

O nível de base (baseline) é a concentração de um elemento ou substância em alguns pontos de amostragem no tempo e não corresponde necessariamente a um *background* verdadeiro, pois pode incluir influência humana. O nível de base é definido (Gough, 1993, p. 10) como o intervalo de dois desvios-padrão em relação à média, incluindo, assim, 95% do intervalo esperado para as concentrações.

A contaminação ambiental por um determinado elemento é definida, pelo U.S. Geological Survey, da seguinte maneira:

> Um elemento ou uma substância que ocorra no ambiente e apresente concentrações acima das consideradas como sendo os níveis de *background* pode ser considerada um *contaminante*. Quando os contaminantes ocorrem em níveis que são potencialmente nocivos para os organismos, eles são rotulados como perigosos. (Gough, 1993, p. 1).

Anomalias são, teoricamente, valores acrescidos ao *background* em razão do aumento da concentração em um ou mais elementos, e que estão relacionados com a existência de contaminação ambiental. Do ponto de vista ambiental, a *anomalia significativa* é aquela relacionada com a intervenção humana, seja direta ou indireta. *Anomalia não significativa* é aquela originada por processos naturais, tais como mineralizações ou outras concentrações, desde que não apresentem consequências do ponto de vista ambiental. Há, entretanto, alguns casos especialíssimos de contaminação ambiental de origem natural, tais como gases vulcânicos (CO, CO_2, SO_2 etc.), substâncias orgânicas desprendidas por vegetais (terpenos e terpenoides liberados pelas coníferas, por exemplo) etc.

Halo de dispersão de uma contaminação é a zona afetada por sua ocorrência, não se considerando o estado em que o elemento avaliado se encontra. Essa amplitude depende da permeabilidade das rochas, solos e sedimentos, da capacidade de substituição de elementos e da concentração e mobilidade da solução ou fonte contaminante.

A dispersão de um contaminante deve-se à sua mobilidade. *Mobilidade geoquímica* é a facilidade com que o elemento (ou substância) se desloca em um determinado meio. O conhecimento de quais são as formas químicas estáveis em um determinado conjunto de condições (pH, Eh, concentração, adsorção, CTC, teor de matéria orgânica, existência de sais dissolvidos, presença – ou, melhor, "atividade" – de cátions e ânions, clima e temperatura, por exemplo) é o ponto essencial para se compreender a mobilidade dos elementos contaminantes nos diversos compartimentos terrestres. O conteúdo de elementos contaminantes de um meio é função das fases móveis originadas a partir dos contaminantes iniciais. A característica geoquímica fundamental das emissões antrópicas contaminantes é justamente o desequilíbrio químico, com a consequente existência de elementos em fases móveis. A mobilidade dos contaminantes ambientais pode ser considerada como mobilidade em ambiente superficial, pertencendo, assim, ao ciclo exógeno. Nos estudos que realizam a abordagem da mobilidade geoquímica, as *extrações sequenciais* (Tessier; Campbell; Bisson, 1979) são de fundamental importância, pois fornecem dados da *partição geoquímica* (Elder, 1988) existente para um dado elemento. A partição geoquímica dá, ao mesmo tempo, informações relevantes sobre a origem, fonte, dispersão e toxicidade potenciais no meio em questão. Para um exemplo da determinação da partição geoquímica de metais pesados realizada com base nas extrações sequenciais, ver Pestana (1989).

Elemento indicador (pathfinder) é um elemento que pode servir de guia na pesquisa de outro elemento contaminante de mais difícil detecção.

O *estudo geoquímico ambiental* pode ser dividido, como também é extensivamente feito na prospecção geoquímica para minérios, em *estratégico e tático*. O *estudo geoquímico estratégico* (também chamado "de reconhecimento") é aquele realizado em áreas muito extensas, utilizando escalas muito pequenas, e que visa à detecção de anomalias ambientais de caráter regional. O *estudo geoquímico* tático (ou "de detalhe") envolve áreas mais restritas e o uso de escalas bastante grandes. Pode ser utilizado no detalhamento de uma pluma ou halo de contaminantes ambientais.

A Geoquímica Ambiental inclui a Hidrogeoquímica (águas superficiais ou subterrâneas e o estudo dos sedimentos de corrente), a Pedogeoquímica, a Litogeoquímica e a Biogeoquímica (a Geobotânica, por exemplo, por meio da qual é feita a determinação de bioindicadores de poluição).

A *amostragem ambiental* tem de ser necessariamente encarada a partir do estabelecimento de que, atualmente, a engrenagem tecnocientífica permite às ações humanas uma intervenção em escala geológica e planetária, e, diante do advento de uma *era de efetuação antrópica*, de uma produção do Real de características antrópicas e antropogênicas, é inarredável reconhecer que *a empiria ingênua naturalista* não tem mais possibilidade de abordar corretamente a Realidade, sendo corroída de forma definitiva. De fato, a mesma tecnociência que gera incontáveis perturbações ambientais não pode captar corretamente as consequências de sua ação sobre a

Natureza: a questão irrompe nos mais variados locais, nas mais variadas escalas e com diferentes características temporais.

Uma das formas mais constantes e persistentes, que mostra a necessidade de uma amostragem ambiental, é a dificuldade (às vezes, a própria impossibilidade) de se obter um dado caracterizável como "branco absoluto", ou seja, uma particularidade empírica natural, sem influência artificial e contato antrópico ou antropogênico anterior.

O conteúdo empírico puro, em que um observador (isolado e privilegiado pela não intervenção no sistema natural pela sua própria observação) examina (estuda, pesquisa, analisa) os "fenômenos naturais" é, hoje, definitivamente impraticável, pelo menos tendo-se em vista a Realidade duplamente efetuada existente no planeta Terra (ver Rohde (1996)).

Exemplos dessa verdadeira avalanche de "dados novos" não conformes com o paradigma naturalista e a serem captados levando-se em conta a reprocessualidade entre o Homem e a Natureza (ou sistemas naturais e sistemas artificiais) são fáceis de localizar:

1. a existência de depósitos, *em escala geológica*, de cinzas e outros resíduos de carvão nos municípios de Charqueadas e São Jerônimo, no Rio Grande do Sul;
2. a ocorrência de DDT em leite materno e sangue humanos e nos pinguins da Antártica;
3. a ocorrência do fenômeno denominado "ilha de calor" em áreas metropolitanas como São Paulo, por exemplo;
4. a permanência, em órbita terrestre, de três mil toneladas de "lixo espacial", ou seja, dez mil objetos de grande e médio porte e quarenta mil de pequenas dimensões, resultantes de atividades espaciais humanas; segundo a Nasa, a estimativa é ainda maior, havendo aproximadamente setenta mil objetos entre um e dez centímetros em órbita baixa;
5. a existência de evidências de uma mudança química na atmosfera, sob a forma de chuvas acidificadas, depleção da camada de ozônio e efeito estufa ampliado.

Assim, dentro do novo contexto ambiental, uma abordagem diferenciada e inovadora tem de tomar lugar na questão do(s) método(s) de amostragem.

A amostragem ambiental proposta (Rohde, 1996) para substituir a abordagem da amostragem disciplinar tradicional é baseada no estabelecimento de uma matriz interdisciplinar e multicriteriosa para a obtenção de critérios ambientais de amostragem (ver Quadro 2.1).

Quadro 2.1 Matriz de amostragem ambiental

Matriz de amostragem ambiental						
Disciplina ("norma")	D_1 (N_1)	D_2 (N_2)	...	D_{M-1} (N_{M-1})	D_M (N_M)	D_A (N_A)
Critério 1	$D_1 C_1$	$D_2 C_1$	...	$D_{M-1} C_1$	$D_M C_1$	C_{1A}
Critério 2	$D_1 C_2$	$D_2 C_2$	...	$D_{M-1} C_2$	$D_M C_2$	C_{2A}
Critério ...	$D_1 C...$	$D_2 C...$	...	$D_{M-1} C...$	$D_M C...$	$C...A$
Critério N-1	$D_1 C_{N-1}$	$D_2 C_{N-1}$	...	$D_{M-1} C_{N-1}$	$D_M C_{N-1}$	C_{N-1A}
Critério N	$D_1 C_N$	$D_2 C_N$	...	$D_{M-1} C_N$	$D_M C_N$	C_{NA}

Fonte: Rohde (1996, p. 74).

Essa matriz realiza o cruzamento de *m* disciplinas, com suas normas internas de amostragem (que se estabelecem em vários *n* critérios disciplinares), para obter os critérios mais significativos, representativos e exigentes quanto à questão ambiental e, ao mesmo tempo, para garantir uma amostragem o mais interdisciplinar possível.

Esse cruzamento matricial de disciplinas necessita ser conceituado em termos de um operador ambiental = Θ_A.

A melhor maneira encontrada para definir formalmente esse *operador ambiental* (Θ_A) que fornece uma *norma forte, ambiental* ou, ainda, *interdisciplinar* é um dispositivo do tipo filtro passa-alta. A formalização matemática para tal operador é a seguinte:

$$\Theta_A : C_1 A \geq D_i (i = 1, n) C_1;$$
$$C_2 A \geq D_i (i = 1, n) C_2;$$
$$C...A \geq D_i (i = 1, n) C...;$$
$$C_{M-1} A \geq D_i (i = 1, n) C_{M-1};$$
$$C_M A \geq D_i (i = 1, n) C_M;$$

(2.1)

Os critérios de amostragem sobre os quais o operador ambiental será aplicado estão diretamente ligados ao *design* de amostragens ambientais (Gilbert, 1987, p. 17) e envolvem, na maioria dos casos, tipos de amostragem (randômicas, estratificadas, por estágios etc. (Gilbert, 1987, p. 20-21; Landim, 1998, p. 26-31)), números de pontos ou "tamanhos das amostras" (G>40 e g<40), número de amostras – por ponto – ou replicatas (duplicatas, triplicatas, quadruplicatas etc. (Gilbert, 1987, p. 6)); quantidade (de matéria, energia, informação) por amostra (Gilbert, 1987, p. 6); frequência; geometrias das populações (puntual, linear, malha, espacial etc.) e proximidade (pesos).

Os critérios de amostragem envolvem (Gilbert, 1987, p. 17), fundamentalmente, *designs* para abordar espaço E (S_1, S_2, S_3, ..., Sn) e tempo T (T_1, T_2, T_3, ..., T_n).

A arbitrariedade inerente a um critério ambiental de abordagem empírica é aqui assumida, com seus decorrentes problemas de fundamentação e validade, mas estes não são, seguramente, maiores nem de características muito diferentes daqueles das normas e critérios disciplinares individuais.

Essa amostragem ambiental permite uma nova empiria, capaz de fazer afirmativas em relação às questões ambientais locais, regionais e globais.

Um exemplo desse tipo de abordagem, do ponto de vista da Geoquímica Ambiental, é o da amostragem de cinzas de carvão. A amostragem ambiental desse material deve satisfazer às exigências de uma ciência ambiental específica, a Geoquímica, sem, entretanto, deixar de atender às exigências de outras disciplinas (Pedologia, Química ou Ecotoxicologia, por exemplo) e às tematizações classificatórias, tais como, por exemplo, a classificação desse material como resíduo, em termos químicos e toxicológicos, ou ainda o seu estudo do ponto de vista radiológico.

A amostragem ambiental é, assim, um ponto de partida fundamental para que a possibilidade de um *programa de abordagem interdisciplinar* exista.

Para a amostragem ambiental das cinzas provenientes da queima termelétrica do carvão, por exemplo, são necessariamente adotadas as cinco normas do Quadro 2.2.

QUADRO 2.2 NORMAS ADOTADAS PARA A AMOSTRAGEM AMBIENTAL DAS CINZAS PROVENIENTES DA QUEIMA TERMELÉTRICA DO CARVÃO

1 - NBR 8291 (1983) - "Amostragem de carvão mineral bruto e/ou beneficiado";
2 - NBR 10007 (2004) - "Amostragem de resíduos sólidos";
3 - ASTM E300-03 (2009) - "Standard practice for sampling industrial chemicals";
4 - ASTM D2234-10 (2010) - "Standard test methods for collection of a gross sample of coal";
5 - ASTM C311-11b (2011b) - "Standard test methods for sampling and testing fly ash or natural pozzolans for use as a mineral admixture in Portland-cement concrete".

Capítulo 3 | Diagnóstico do ambiente físico

O diagnóstico ambiental será abordado por meio dos estudos geocientíficos necessários para o conhecimento (do ponto de vista das Geociências) do sistema ambiental afetado por determinado empreendimento. Esses estudos podem ser visualizados esquematicamente na Fig. 3.1.

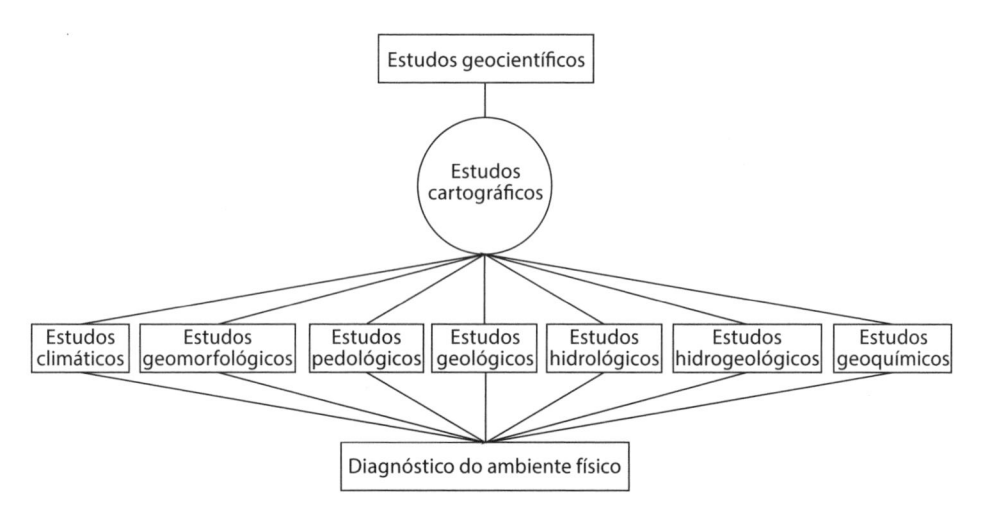

FIG. 3.1 *Os estudos ambientais das Geociências no diagnóstico do meio ambiente físico*

3.1 Estudos cartográficos
3.1.1 Roteiro
- Exame dos mapas e cartas já disponíveis
- Análise detalhada dos topônimos
- Elaboração do mapa base, de mapas especiais e/ou de detalhe
  - Escolha da(s) escala(s)

- Estabelecimento do sistema de coordenadas
- Escolha das projeções
  - Cilíndricas
  - Cônicas
  - Policônicas
  - Azimutais
  - Transversas
  - Globulares
- Fixação/determinação/escolha da equidistância (curvas de nível)
- Escolha/elaboração da representação cartográfica
  - Letreiros e legendas
  - Símbolos e convenções
  - Números (arábicos e/ou romanos)
  - Linhas
  - Sombras
  - Cores
  - Cores hipsométricas
  - Curvas de nível coloridas
  - Convenções fisiográficas
  - Texturas
- Elaboração/estudo de cortes e perfis
  - Topográficos
  - Paisagísticos
  - Geomorfológicos
  - Geológicos
  - Botânicos
  - Biocenoses
  - Ecossistemas
- Cartografia especial
  - Diagramas
  - Mapas estatísticos
  - Cartogramas
  - Diagramas de bloco
  - Modelos espaciais
  - Esboços e croquis
- Levantamentos topográficos
- Levantamentos aerofotogramétricos

- Levantamento por meio de sensores remotos (radar, satélites etc.)
- Articulação e situação dos mapas, cartas e folhas utilizadas/elaboradas

3.1.2 Produtos
- Mapa(s) base
- Mapa(s) específico(s) e detalhado(s)
- Cortes
- Produtos cartográficos especiais (diagramas, cartogramas, modelos espaciais, esboços, croquis)

3.2 Estudos climáticos
3.2.1 Roteiro
- Classificação climática
- Circulação geral da atmosfera (macroclima); caracterização sumária da área
- Caracterização mesoclimática (em superfície)
    - Caracterização da rede de estações e postos meteorológicos
    - Análise das séries meteorológicas, com avaliação estatística
    - Estudo da temperatura
    - Regime dos ventos
        - Turbulência atmosférica
        - Ventos locais
    - Umidade relativa do ar
    - Pressão atmosférica
    - Radiação solar
    - Regime pluviométrico
        - Risco de tempestades ("tormentas")
        - Risco de geadas
        - Risco de secas
        - Ocorrência de neve
    - Evaporação
    - Evapotranspiração
    - Insolação
    - Nebulosidade
        - Nuvens e nevoeiros ("neblinas")
        - Geadas
        - Visibilidade

- Caracterização mesoclimática em altitude
  - Características da atmosfera local
    - Particulados
    - Gases
    - Vapores
    - Fumaças
    - Aerossóis
  - Temperatura
  - Umidade relativa
  - Pressão atmosférica
  - Ventos em altitude
  - Instabilidade atmosférica
  - Estabilidade atmosférica
- Qualidade do ar e outros parâmetros da atmosfera (estes elementos não fazem parte dos estudos climáticos, mas são aqui incluídos porque a qualidade do ar pode afetar os elementos climáticos; além disso, estes fatores podem servir de indicativos na análise de cada elemento do clima)
  - Fator de difusão
  - Particulados
  - Óxidos de enxofre
  - Óxidos de nitrogênio
  - Hidrocarbonetos
  - Substâncias tóxicas perigosas
  - Metais pesados
  - Elementos-traço
  - Emissão e dispersão de poluentes preexistentes na área considerada
    - Emissões urbanas
    - Emissões do tráfego
    - Emissões industriais
  - Emissões luminosas
  - Ruídos e vibrações
  - Odores
  - Radiações
  - Radioatividade natural e contaminação de fundo

3.2.2 Produtos
- Representações tabulares e gráficas das séries meteorológicas

- Zoneamento climático
- Características climáticas da região ou da área
- Características da atmosfera em superfície e em altitude
- Risco de tempestades
- Risco de secas
- Risco de geadas
- Problemas de visibilidade
- Qualidade e dispersão do ar (produtos não originários de estudos climáticos, mas que podem ser úteis quando a eles associados)
- Caracterização das radiações, ruídos, vibrações e emissões luminosas

3.3 Estudos geomorfológicos
3.3.1 Roteiro
- Geomorfologia regional
- Relações da Geomorfologia com a Geologia
- Topografia
  - Seções verticais
  - Mapa de contornos
- Rugosidade
- Compartimentação do relevo
- Tipos de modelado
  - Estruturais
  - Erosivos
  - Acumulação
  - Dissecação
- Morfologia (relevo)
  - Em função da litologia
    - Tabular
    - Cuestas
    - Maciços antigos
    - Bacias sedimentares
    - Estruturas dobradas
    - Estruturas falhadas
    - Vulcânica
    - Cárstica
    - Granítica

- Superfícies de afloramentos
- Em função dos processos atuantes
  - Fluvial
  - Litorânea (descrição do perfil litorâneo; forças marinhas atuantes; recifes etc.)
  - Eólica
  - Glaciária
- Periglaciária
- Cárstica
- Pluvial
- Submarina
• Análise das vertentes ("encostas")
  - Forma
  - Tipos básicos (Troeh, 1965)
  - Dinâmica
• Taludes naturais e artificiais
• Índices de dissecação
• Padrões de drenagem
  - Dendrítica
  - Treliça
  - Retangular
  - Paralela
  - Radial
  - Anelar
• Hierarquia fluvial
• Geometria hidráulica
  - Leitos fluviais
  - Terraços fluviais
  - Tipos de canais
• Análise hipsométrica
• Cobertura vegetal
  - Abundância e densidade
  - Cobertura (%)
  - Biomassa
  - Dominância
  - Composição florística
  - Sociabilidade

- Vitalidade
- Fisionomia
- Estratificação horizontal e vertical
- Evolução no tempo
- Diversidade
- Raridade
- Depredação
- Reversibilidade
- Estabilidade
- Produtividade
- Sensibilidade ao fogo
- Usos e influências
- Qualidade visual
  - Cores
  - Dimensões
  - Formas
  - Contrastes
  - Texturas
- Singularidade paisagística
- Função da cobertura vegetal (Arnal, 1981)
  - Produção de madeira
  - Recreativa
  - Estética e paisagística
  - Antierosiva
  - Ecológica
  - Hidrológica
  - Sanitária e redutora de ruídos
  - Climática
  - Patrimônio científico
- Classificação ecodinâmica do meio ambiente (Tricart, 1966)
  - Meios estáveis
  - Meios intergrades
  - Meios instáveis
- Feições erosivas
  - Ravinas
  - Boçorocas
  - Sulcos

- Depósitos superficiais
- Movimentos de massa
- Paisagem
  - Incidência visual
  - Complexidade visual
  - Visibilidade
  - Transparência visual
  - Visuais
  - Qualidade visual
  - Unidade(s) de composição
  - Variedade
  - Forma
  - Textura
  - Cor(es)
  - Dimensões
  - Contraste
  - Diversidade
  - Modelado
  - Cobertura vegetal geral
  - Construções/arquitetura
  - Circulação
  - Tecido urbano
  - Infraestruturas
  - Singularidade(s) paisagística(s)
- Sítios notáveis ou singulares ("recursos culturais")
  - Geológicos
  - Paleontológicos
  - Arqueológicos (Lorain, 1987)
  - Históricos
  - Arquitetônicos
  - Artísticos
  - Paisagísticos
  - Botânicos
  - Zoológicos

3.3.2 Produtos

- Mapas topográficos
- Seções topográficas

- Mapas geomorfológicos
- Mapas de energia do relevo
- Mapas hipsométricos
- Croquis paisagísticos
- Croquis de visuais
- Croquis de sítios
- Caracterização/compartimentação geomorfológica

3.4 Estudos pedológicos
3.4.1 Roteiro
- Extensão e distribuição das unidades de solos
- Relações dos solos com a Geologia e a Geomorfologia
- Tipos de solo (descrição das unidades)
- Profundidade dos horizontes A, B e C
- Perfil tipo dos solos
- Gradientes
- Taludes
- Presença do nível freático
- Composição físico-química
  - Minerais
  - Substâncias orgânicas
  - Água
  - Ar
- Caracterização física e mecânica
  - Densidade
  - Porosidade
  - Permeabilidade
  - Drenagem interna
  - Granulometria
  - Consistência/plasticidade
  - Textura
  - Estrutura
  - Pedregosidade
  - Composição mineralógica
  - Capacidade de suporte
  - Compactação
  - Resistência ao cisalhamento

- Caracterização química (determinações químicas)
  - pH
  - Carbono orgânico
  - Nitrogênio total
  - Fósforo
  - Ácidos húmicos
  - Cálcio total
  - CTC
  - Perda por combustão
  - Elementos pesados (Cd, Mo, Co, Pb, V etc.)
- Entradas e saídas de energia
- O solo como meio
- Meios especiais vinculados ao solo
  - Freático
  - Intersticial
  - Covas
  - Cavernas
  - Formigueiros
  - Humícola
  - Endógeo
  - Freático terrestre
  - Dunas
- Associações vegetais epígeas
- Organismos edáficos (Parisi, 1979)
  - Bactérias
  - Algas
  - Actinomicetes
  - Fungos
  - Plantas superiores
  - Protozoários
  - Nematoides
  - Oligocetos
  - Moluscos
  - Artrópodes
  - Vertebrados
- Capacidade de uso do solo
  - Classes de capacidade de uso do solo

- Relações das classes de capacidade de uso com as unidades de solo
- Uso atual do solo
  - Categorias de uso do solo
  - Relações das categorias de uso atual do solo com as classes de capacidade de uso do solo
  - Extensão e distribuição das categorias de uso atual do solo
  - Zonas agropastoris
  - Zonas urbanas
  - Zonas industriais
  - Zonas extrativas

3.4.2 Produtos
- Mapas pedológicos
- Zoneamento de solos
- Caracterização física, mecânica, química e biológica dos solos ocorrentes na região ou área
- Mapas de capacidade de uso dos solos
- Mapa de uso atual dos solos

3.5 Estudos geológicos
3.5.1 Roteiro
- Geologia regional
- Geologia da área
- Coluna estratigráfica (litoestratigráfica)
- Camadas
  - Extensão
  - Continuidade
  - Espessura
- Estruturas dobradas
- Estruturas falhadas
  - Falhas
  - Fissuração
- Tipo de rocha do embasamento e profundidades
- Controle geoestrutural local e regional
- Zonas de dissolução das rochas
- Afloramentos rochosos
- Paleoambientes
- Presença de materiais formadores (ou geradores) de ácidos

- Presença de alcalinidade potencial
- *Tin beds*
- Nódulos
- Jazidas minerais
- Jazidas de materiais de construção
- Qualidade dos minérios
- Qualidade dos materiais a serem extraídos
- Rochas
    - Estruturação do maciço de origem
        - Acamadamento
        - Falhas
        - Dobras
        - Fissuração
    - Tipos litológicos
        - Caracterização
        - Classificação
    - Alterabilidade
    - Características de fragmentação
    - Tipo de meteorização
    - Composição química
    - Elementos pesados
- Sítios geológicos notáveis (por exemplo, formações únicas ou raras, relevos etc.)

3.5.2 Produtos
- Mapas geológicos
- Seções geológicas
- Colunas geológicas
- Caracterização geológica, tectônica e estrutural de uma região ou área
- Caracterização física, mecânica e química das unidades geológicas ocorrentes na região ou área

3.6 Estudos hidrológicos
3.6.1 Roteiro
- Hidrologia regional
    - Bacias hidrográficas – sistemas de água superficial

- Corpos d'água (lagos, lagoas, rios etc.)
- Bacia hidrográfica
  - Parâmetros climáticos
  - Geologia da bacia
  - Cobertura vegetal
  - Pedologia
  - Atividades humanas
  - Disponibilidade dos recursos hídricos
- Parâmetros morfodinâmicos
  - Débitos
  - Velocidade
  - Declividade
  - Largura
  - Granulometria do fundo
- Situação das águas correntes e estagnantes
- Regime dos cursos d'água (débitos)
- Zonas alagadiças
- Determinação das planícies de inundação
- Dinâmica marinha
  - Parâmetros climáticos (ventos dominantes, termociclos etc.)
  - Parâmetros morfodinâmicos (costas abertas ou fechadas)
    - Marés
    - Correntes marinhas superficiais
    - Correntes marinhas de fundo
    - Topografia dos fundos
    - Retenção de sedimentos
  - Usos marinhos da área considerada
  - Parâmetros biocenóticos
  - Grau de poluição
- Usos dos recursos hídricos (existentes, planejados ou esperados)
  - Abastecimento de água para populações urbanas e rurais
  - Abastecimento para animais
  - Irrigação de culturas
  - Atividades de navegação, portos e eclusas
  - Programas de controle de cheias
  - Manutenção de vazões mínimas nos cursos d'água
  - Esportes náuticos e lazer

- Receptores de poluentes e cargas térmicas
- Riqueza piscícola
- Materiais transportados
- Assoreamento natural dos leitos
- Recursos hídricos
- Quantidade de água
  - Caudal
  - Variações de fluxo
- Qualidade da água (Bolea, 1980; Aubert, 1981)
  - Fatores físicos
    – Cor
    – Temperatura
    – Turbidez
    – Densidade
    – Viscosidade
    – Tensão superficial
    – Sólidos dissolvidos
    – Sólidos em suspensão
    – Sólidos totais
    – Características organolépticas (cor, odor, sabor)
    – Condutividade/resistividade
    – Oxigênio dissolvido
  - Fatores químicos inorgânicos
    – Oxigênio dissolvido
    – pH (acidez/alcalinidade)
    – Metais alcalinos
    – Metais alcalino-ferrosos
    – Carbono inorgânico
    – Sulfatos
    – Sulfetos
    – Cloretos
    – Metais pesados
    – Cianetos
    – Fenóis
    – Fósforo
    – Enxofre
    – Nitrogênio

- Fatores químicos orgânicos
  - Biodegradáveis (hidratos de carbono, graxas e proteínas)
  - Não biodegradáveis (pesticidas, alguns detergentes, hidrocarbonetos e produtos petroquímicos, espumas, óleos, graxas, fenóis, cianetos)
  - Nutrientes
- Fatores biológicos
  - Organismos patogênicos (coliformes etc.)
  - Organismos eutrofizantes
  - DBO
- Relações da qualidade da água com as atividades que se desenvolvem na bacia hidrográfica ou na costa marítima

3.6.2 Produtos
- Mapas das bacias hidrográficas
- Parâmetros morfodinâmicos
- Regime(s) do(s) curso(s) d'água
- Mapas de planícies de inundação
- Mapas da dinâmica marinha
- Mapas de qualidade das águas
- Parâmetros da qualidade das águas (rios, córregos, lagos, lagoas, oceanos etc.)

3.7 Estudos hidrogeológicos
3.7.1 Roteiro
- Levantamento dos pontos d'água (Silvestre et al., 1981)
  - Fontes
  - Surgências
  - Perdas
  - Sorvedouros
  - Cavidades cársticas
- Determinação da profundidade dos níveis d'água subterrâneos
- Permeabilidade dos maciços
- Falhas, diques e variações locais da permeabilidade (fisssuração etc.)
- Presença de formações aquíferas (aquíferos)
  - Reservas de água subterrânea

- Qualidade
- Localização, natureza, geometria, litologia, estrutura e outros aspectos geológicos dos aquíferos
- Recarga, fluxo (vertical e horizontal) e descarga dos aquíferos
  - Natural
  - Artificial
- Relações das águas superficiais com os aquíferos
- Intercâmbio entre aquíferos
- Parâmetros litológicos que influem na vulnerabilidade dos aquíferos
  - Permeabilidade
  - Porosidade
  - Grau de alteração
  - Grau de fissuração
  - Infiltração
- Extração e/ou captação de água subterrânea
- Fluxo das águas subterrâneas (piezometria, traçadores etc.)
- Relação da água subterrânea com os cursos d'água
  - Afluência
  - Efluência
- Contaminação e/ou poluição da água subterrânea e/ou aquíferos
- Condições de exploração da água subterrânea
  - Localização das explorações
  - Tipo(s) de captação utilizado(s)
  - Quantidade(s) extraída(s)
  - Regime(s) de bombeamento

3.7.2 Produtos
- Mapas piezométricos
- Mapas hidrogeológicos
- Previsão do fluxo subterrâneo (horizontal e vertical)
- Mapas de vulnerabilidade da água subterrânea
- Mapas de aquíferos
- Mapas de qualidade das águas subterrâneas

3.8 Estudos geoquímicos
3.8.1 Roteiro
- Levantamento das emissões contaminantes
- Determinação da origem geológica dos contaminantes

- Análise dos elementos menores e elementos-traço em rejeitos e descargas industriais
- Ensaios de lixiviação e solubilização
- Análise das águas subterrâneas
- Comparações de parâmetros para as águas superficiais
- Pesquisa dos sedimentos de corrente
- Mobilidade dos elementos
- Transporte dos contaminantes
- Caminho vertical e horizontal dos contaminantes (dispersão ambiental)
- Microbiogeoquímica
- Paisagens geoquímicas – classificação
  - Abundância dos elementos e substâncias
  - Migração dos elementos – classificação
    - Resistatos
    - Hidrostatos
    - Oxidatos
    - Carbonatos
    - Evaporatos
    - Reduzatos
  - Migração dos elementos – holismo
  - Fluxos geoquímicos
  - Gradientes geoquímicos
  - Barreiras geoquímicas

3.8.2 Produtos

- Mapas de vulnerabilidade das águas subterrâneas à poluição
- Mapas de tendência da poluição das águas subterrâneas
- Mapas de dispersão geoquímica
- Determinação dos impactos biogeoquímicos
- Roteiros dos elementos contaminantes (nos ciclos biogeoquímicos)
- Mapas das paisagens geoquímicas
- Interpretação teórica e contextualização das situações existentes
- Comparação da situação geoquímica com a Resolução Conama n° 20
- Comparação da situação geoquímica com as normas NBR 10004, 10005 e 10006 da ABNT
- Comparação da situação geoquímica com as normas da série NBR ISO 14000 da ABNT

Capítulo 4 | Determinação dos impactos no geossistema

4.1 Caracterização matemática

A descrição teórico-matemática dos impactos ambientais (Winkle; Christensen; Mattice, 1976) inicia com a suposição de que um ecossistema pode ser representado por um espaço N-dimensional, em termos de N variáveis de estado que definem o ecossistema potencialmente afetado pelo empreendimento proposto. Essas variáveis representam parâmetros estruturais ou funcionais biológicos e parâmetros físicos e químicos. As N variáveis de estado, cada uma delas função do tempo (t), podem ser notadas, na ausência do empreendimento, como $X_1(t), X_2(t), ..., X_{N-1}(t), X_N(t)$. A variável X(t) pode ser definida como o vetor que representa o estado do ecossistema em um ponto fixo no tempo sem a presença do empreendimento.

Também pode ser definido um vetor similar para representar o estado do ecossistema com a presença do empreendimento. As variáveis de estado podem ser, neste caso, notadas como $Y_1(t), Y_2(t), ..., Y_{N-1}(t), Y_N(t)$, e definem um vetor Y(t) em um ponto qualquer fixo no tempo.

Torna-se, assim, matematicamente possível estabelecer definições para ausência de impacto, impacto reversível e impacto irreversível utilizando essa caracterização de um ecossistema como um ponto em um espaço N-dimensional.

A Eq. 4.1 representa a ausência de impacto:

$$Y(t) - X(t) = O(t) \pm \delta(t), \quad t > C \qquad (4.1)$$

em que C é o momento de construção do empreendimento e δ é o vetor de desvios de zero.

A previsão matemática da ausência de impacto de um empreendimento sobre um ecossistema é dada pela Eq. 4.2:

$$\lim_{t\to\infty} \int_C^T [Y(t) - X(t)]dt = O \pm \delta \tag{4.2}$$

Ou seja, em qualquer tempo após o início da construção do empreendimento, a diferença entre o estado previsto para o ecossistema com ou sem o empreendimento é próxima a zero.

A Eq. 4.3 caracteriza o impacto reversível:

$$Y(t) - X(t) = O(t) \pm \delta(t), \; t \geq D + \tau \tag{4.3}$$

em que $D + \tau$ especifica um intervalo de tempo (τ) após o empreendimento ser desativado no momento D.

A previsão de impacto reversível de um empreendimento é mostrada na Eq. 4.4:

$$\lim_{t\to\infty} \int_{D+\tau}^T [Y(t) - X(t)]dt = O \tag{4.4}$$

em que, em todos os momentos, começando de algum tempo fixo após a desativação do empreendimento, a diferença entre o estado previsto do ecossistema com e sem o empreendimento é próxima a zero.

O impacto irreversível é caracterizado matematicamente pela incapacidade de um empreendimento satisfazer as Eqs. 4.3 e 4.4. Assim, em todos os momentos, começando de algum tempo fixo após a desativação do empreendimento, a diferença entre o estado previsto do ecossistema com e sem o empreendimento não é próxima a zero. Os diferentes aspectos gráficos da caracterização matemática dos impactos ambientais podem ser vistos na Fig. 4.1.

4.2 Método de avaliação de impactos ambientais

Do ponto de vista das Geociências, é possível avaliar os impactos ambientais realizando as seguintes etapas (Fig. 4.2):

1. identificação das atividades do empreendimento e dos parâmetros do sistema ambiental;
2. correlação (e quantificação, se possível) dos efeitos ambientais das atividades identificadas sobre os parâmetros ambientais; como resultado dessa análise, obtém-se um diagrama de efeitos onde se pode visualizar o impacto potencial das atividades do empreendimento sobre o meio ambiente;
3. considerando as relações de causa e efeito e suas quantificações, torna-se factível orientar o estabelecimento de medidas de

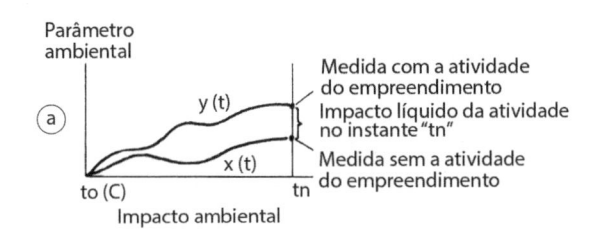

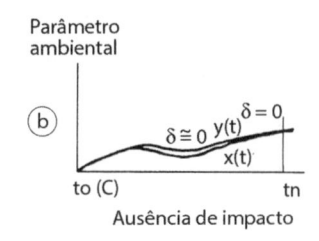

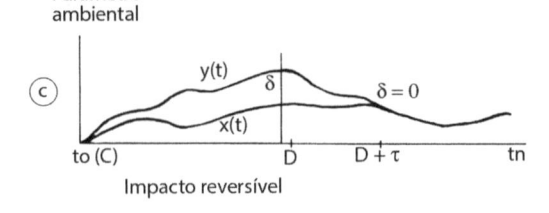

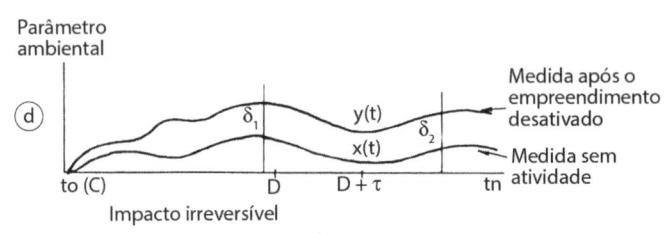

FIG. 4.1 *Caracterização matemática dos impactos ambientais por meio de gráficos, no caso de apenas um parâmetro ambiental*
Fonte: o gráfico (a) foi adaptado de Jain, Urban e Stacey (1977, p. 62).

proteção ambiental visando a eliminação ou a redução do impacto ambiental a um índice aceitável (permite, ainda, a avaliação preliminar do impacto ambiental);

4. Com base no conhecimento da situação inicial do empreendimento e do meio ambiente, são realizados os programas e planos ambientais que envolvem o acompanhamento e monitoramento das situações futuras, bem como a recuperação ambiental de áreas que necessitarem.

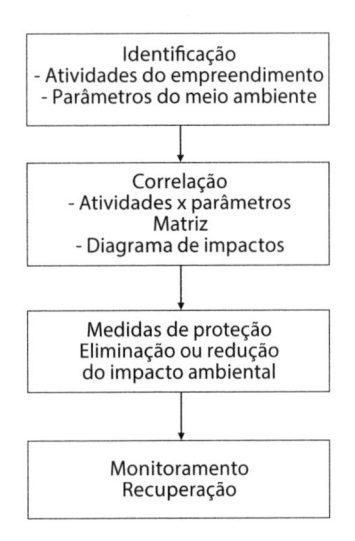

FIG. 4.2 *Etapas da avaliação de impacto ambiental no geossistema*

4.3 Principais impactos

Os principais impactos ambientais (conjunto de alterações no meio ambiente causado pelas atividades de determinado projeto (Singer; Kumoto, 1985, p. 2)) passíveis de serem determinados no geossistema recaem sobre os *loci* dos estudos: clima, geomorfologia, solo, geologia, hidrologia, hidrogeologia e ciclos biogeoquímicos. A Fig. 4.3 mostra um esquema onde podem ser identificados os impactos físicos, os meios que os abrigam e as condições envolvidas.

4.3.1 Impactos Climáticos
- Alterações no mesoclima
- Criação de microclimas
- Formação de neblinas artificiais
- Redução da visibilidade
- Indução artificial de precipitações
- "Chuvas ácidas"
    - Danos a materiais (construções, monumentos, esculturas etc.)
    - Danos à vegetação
- Efeito estufa
- Descargas térmicas
- Destruição da camada de ozônio

4.3.2 Impactos Geomorfológicos
- Alteração parcial de determinados compartimentos geomorfológicos
- Alterações na paisagem regional
- Alterações da topografia
- Inundação de áreas florestais e outras formações vegetais
- Eliminação da cobertura vegetal
- Destruição de parques, áreas de recreação e sítios arqueológico-históricos
- Impacto ("visual") estético (destruição, interferência ou perturbação em recursos cênicos)

4.3.3 Impactos Pedológicos
- Rompimento das relações solo-vegetais-sementes-animais
- Alteração da estrutura do solo
- Mistura de horizontes

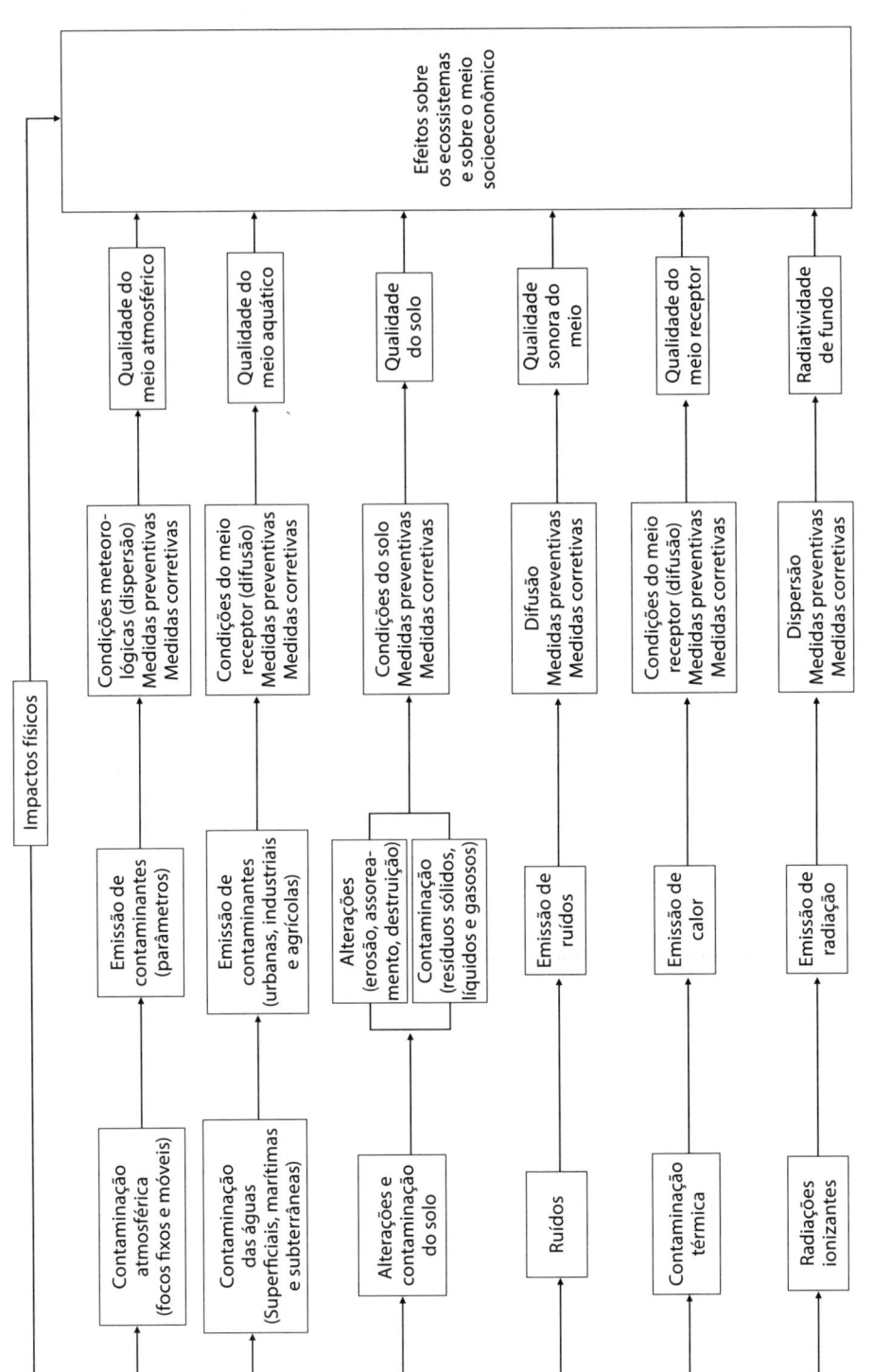

FIG. 4.3 *Esquema dos impactos físicos sobre o meio ambiente*

- Aumento da densidade e compactação do solo
- Modificação das espessuras das camadas do solo (perfil)
- Diminuição dos teores de matéria orgânica
- Lixiviação de nutrientes
- Aumento de íons H_3O+ na solução do solo
- Aumento dos teores de elementos tóxicos
- Instabilização de taludes naturais
- Instalação ou aumento da erosão acelerada
- Compactação excessiva dos solos
- Degradação de solos
- Inutilização de solos
- Remoção de solos
- Inundação de solos
- Perturbação de solos
- Acidificação de solos
- Contaminação e poluição de solos por resíduos sólidos, líquidos e gasosos
- Mudanças na capacidade de uso dos solos
- Interrupção do uso atual dos solos
- Mudanças no uso atual dos solos
- Uso inadequado do solo, do território e dos recursos naturais

4.3.4 Impactos Geológicos

- Sismicidade induzida
- Inundação de jazidas minerais
- Inundação de jazidas de materiais
- Subsidência artificial
- Perturbação das camadas geológicas
- Produção de rejeitos de mineração
- Produção de silte, cascalho etc.
- Produção de resíduos sólidos
- Pilhas de resíduos sólidos e rejeitos
- Ocorrência de avalanches
- Ocorrência de escorregamentos
- Queda de blocos
- Queda de detritos
- Ocorrência de recalques

- Ocorrência de desabamentos
- Ocorrência de combustão espontânea
- Ruptura do hábitat da fauna e da flora pela eliminação do substrato geológico (um pântano, por exemplo)
- Destruição de espaço aberto
- Destruição de dunas
- Destruição de áreas costeiras baixas
- Aumento na acumulação de vidro, metais, plásticos, cimento, asfalto, lixo

4.3.5 Impactos Hidrológicos

- Perturbação da drenagem natural
- Mudanças na frequência e/ou volume do fluxo superficial
- Assoreamento em geral
- Assoreamento de reservatórios d'água (barragens etc.)
- Contaminação e poluição das águas superficiais
- Eutrofização das águas
- Drenagem ácida de mina (DAM)
- Drenagem alcalina de mina
- Erosão nas margens dos canais, diques, reservatórios etc.
- Aumento do *runoff*
- Transformação do meio hídrico (na passagem de condições lóticas para lênticas, com profundas alterações nas características da água)
- Alterações nas características físico-químicas, físicas, químicas e biológicas dos recursos hídricos (por exemplo, redução do oxigênio dissolvido)
- Contaminação e eutrofização da água
- Redução do valor fertilizante da água
- Decomposição de biomassas submersas
- Impedimentos (ou eliminação) à pesca, navegação e esportes aquáticos
- Inundação do patrimônio paisagístico, cultural, histórico, arqueológico, científico etc.
- Descargas térmicas
- Poluição térmica
- Mudança da salinidade

4.3.6 Impactos Hidrogeológicos
- Elevação ou rebaixamento do nível freático
- Redução da infiltração
- Alteração, intensificação ou impedimento de trocas entre aquíferos
- Contaminação e/ou poluição de aquíferos

4.3.7 Impactos Geoquímicos
- Poluição do solo, do ar, das águas superficiais e das águas subterrâneas consideradas como um conjunto
- Modificação dos ciclos biogeoquímicos
- Modificação da composição química da atmosfera
- Mobilização, transporte, transformação e bioacumulação das substâncias contaminantes
- Efeitos toxicológicos dos elementos menores e elementos-traço

4.4 MATRIZES DE IMPACTO AMBIENTAL

As matrizes consistem em duas listagens de controle, uma que lista as atividades (ações) de um projeto, e outra em que são elencados os itens ou fatores ambientais que podem ser afetados por aquelas atividades. *O cruzamento das atividades com os fatores ambientais permite identificar as relações de causa e efeito, ou seja, o impacto ambiental.* As matrizes caracterizam-se por serem muito flexíveis, adaptando-se às diversas situações e projetos a serem avaliados.

A mais conhecida e utilizada ainda é a matriz de Leopold (Leopold et al., 1971), com base na qual outras foram formuladas.

O método consiste numa listagem abrangente de aspectos ambientais e das atividades de um projeto, dispostos de uma forma matricial, na qual as relações causa e efeito são identificadas pelo cruzamento dessas informações. Na sua concepção original, a matriz possui 88 linhas, correspondentes aos aspectos ambientais, e 100 colunas, referentes às atividades decorrentes de um projeto, perfazendo um total de 8.800 quadrículas. (Perazza et al., 1985, p. 4-5).

A análise crítica da matriz de Leopold revela (Perazza et al., 1985, p. 5-6):
1. maior ênfase aos fatores ambientais físico-biológicos (67 entradas, de um total de 88);
2. o método permite a correção desse enfoque por meio de novas entradas;

3. a matriz não é mutuamente excludente;
4. apenas os impactos diretos podem ser identificados;
5. a variável tempo não é considerada;
6. na previsão de natureza e magnitude dos efeitos ambientais, a matriz é frágil; a objetividade é comprometida, visto que os critérios de gradação, de 1 a 10, dependem da equipe de trabalho e, portanto, são subjetivos.

A própria apresentação da matriz de Leopold adverte: "A matriz é, de fato, o sumário para o texto da avaliação ambiental" (Leopold et al., 1971, p. 6).

A análise de impacto ambiental requer a definição de dois aspectos de cada ação do empreendimento sobre os parâmetros do meio ambiente. O primeiro é a definição de *magnitude* do impacto sobre setores específicos do ambiente. O termo magnitude, aqui, é usado no sentido de grau, extensão ou escala. A *importância* (isto é, a significação) de cada impacto ambiental específico deve incluir a consideração sobre as consequências de se mudar a condição particular sobre outros fatores do ambiente.

Assim, o texto de uma avaliação de impacto ambiental deve ser uma discussão dos quadrados individuais em termos de magnitude (M) e importância (I), principalmente os de valores mais elevados.

O texto deve ser acompanhado, primeiramente, pela discussão das razões das atribuições dos valores de M e I aos efeitos dos impactos.

As duas maiores vantagens e os dois maiores defeitos da matriz de Leopold (e, genericamente, das outras matrizes possíveis) não foram, entretanto, identificados.

As vantagens:
1. favorecer (e até implicar) uma revisão cuidadosa e compreensiva, por parte dos pesquisadores, da variedade de interações que podem ser envolvidas na implantação e operação do empreendimento considerado; descoberta de relações de causa-efeito;
2. ajudar os planejadores a identificar alternativas que poderão diminuir os impactos no meio ambiente, tornando as qualidades ambientais presentes na tomada de decisão, que anteriormente era levada a cabo apenas por considerações técnico-econômicas.

Os defeitos:

1. a tendência de misturar "alhos com bugalhos" (Schlesinger; Daetz, 1973, p. 12) em um problema de comensurabilidade insolúvel;
2. a tendência *monetarista* de substituir valores monetários por valores abstratos, mas que serão somados e diminuídos de forma financeira, visando obter um resultado final que seria um "balanço" do empreendimento, semelhante àquele tentado, historicamente, pela análise custo-benefício (essa tendência está explícita na *magnitude* e *importância* da matriz de Leopold).

Adicionalmente, as colunas que causam um grande número de ações a serem marcadas, independentemente do seu valor numérico, devem ser discutidas em detalhe.

De modo semelhante, aqueles elementos do ambiente (linhas) que têm, relativamente, grande número de quadrados marcados devem ser comentados. A discussão desses itens deve cobrir os seguintes aspectos:

1. descrição da ação proposta, informações e dados técnicos adequados para permitir a cuidadosa avaliação do impacto;
2. o provável impacto da ação proposta no ambiente;
3. algum efeito ambiental adverso que não possa ser eliminado (evitado);
4. alternativas à ação proposta;
5. a relação entre os usos locais e de curta duração do ambiente humano e a manutenção e aumento da produtividade em longo prazo;
6. quaisquer comprometimentos de recursos (irreversíveis e irrecuperáveis) envolvidos na ação proposta, caso ela seja implementada; e
7. onde apropriado, uma discussão de problemas e objeções levantadas por agências (instituições) locais, estaduais e federais e organizações privadas e individuais na revisão e disposição das questões envolvidas.

Cumpre notar que vários métodos mais sofisticados, como a superposição de cartas, os métodos quantitativos (sistema Battelle, método de

Sondheim), as redes de interação etc. também apresentam o problema da subjetividade. Além disso, muitos constituem apenas listas de controle mais apropriadas e portanto, em última análise, *são matrizes*. O custo elevado de algumas técnicas de superposição de cartas e de modelagens por computador também contribui para a utilização cada vez mais frequente das matrizes.

As próprias matrizes tomaram novas formas e, em muitos casos, afastam-se da valorização numérica dos impactos, conforme pode ser observado nas Figs. 4.4 e 4.5.

Vale registrar que as matrizes podem ser otimizadas quanto ao número de variáveis consideradas. Um estudo específico de matriz para barragens (Dams and the environment, 1982) considera seis variáveis em cada cédula de interseção atividade-parâmetro ambiental:

1. impacto (benéfico, prejudicial ou previsível, mas difícil de quantificar sem estudos específicos);
2. importância (menor, moderada ou maior);
3. certeza (certo, provável, improvável ou não conhecido);
4. duração (temporário ou permanente);
5. prazo (imediato, médio prazo ou longo prazo);
6. efeito levado em conta no projeto (sim ou não).

Tomando esse modelo conceitual, foi possível organizar a montagem simulada de uma matriz de impactos específica para extração, transporte e uso do carvão mineral com as variáveis de caracterização relacionadas a seguir:

1. impacto - favorável ou desfavorável (F ou D);
2. certeza - certo, provável ou desconhecido (C, P ou N);
3. grau - menor, médio ou maior (1, 2 ou 3);
4. duração - temporária ou permanente (T ou P);
5. tempo - imediato, médio prazo ou longo prazo (i, m ou l);
6. ação prevista - sim ou não (s ou n).

Um estudo teórico das características dos impactos revela que existem outras características que podem ser incluídas nas matrizes, como pode ser visto no Quadro 4.1.

Matriz de correlação
Atividades minerais × Efeitos ambientais

Graus de influência:
- Nenhum
- · Desprezível
- ○ Baixo
- × Médio
- ● Alto

		Implantação			Terraplanagem		Lavra			Benefic.			Manuseio			Aband.
	Parâmetros ambientais	Decap. da jazida	Est. acesso	P. estocagem	Inst. apoio	Barragem	Desmonte	Transporte	Estéril	Instalação	Transporte	Rejeito	Est. acesso	Pátios	Pilhas estoque	Cava da mina	Pilhas est./rej.
Solo	Alter. topográficas	×	○	○	○	×	●		○			●				●	●
	Paisagem cênica	×	○	×	○	○	●	·	○	○	○	●	○	○	○	×	×
	Dest. de solo fértil	·	×	×	×	●			·				×				
	Remoção de carapaças	●	·	·	·							○					
	Fontes de sed. - erosão	×	×	×	○	×	×		○			●	×	○	×	●	●
	Instab. de taludes	·	×	·	·	×	●		○			●				●	●
	Assoreamento de vales	○	○	○	○	○	○	·	○			●				×	×
	Remoção veg. arbórea	○	×	●	●	●			○			●					
Água	Alteração de pH											·					
	Alt. de temperatura																
	Turbidez	○	×	○	○	×			○			●	○	○	○	×	×
	Alterações químicas																
	Substâncias tóxicas																
	Alteração de vazões						·		○			○				○	○
Ar	Poeira	○	×	×	×	×	×	×	×		×	●	×	×	○		
	Ruído	×	×	×	×	×	×	○	○	×	○		·	·	·		
	Calor																
	Substâncias tóxicas																
	Gases						○										
Saúde	Operários	×	○	○	○	○	●	·		×	·	○	○	○	○		
	Popul. adjacente									○		●				●	●
Ecossist.	Fauna terrestre	×	×	×	×	×						○					
	Vida aquática	·	○	·	·	·			×			●				○	●

FIG. 4.4 *Matriz de impacto ambiental da mineração de itabirito silicoso na região metropolitana de Belo Horizonte (MG) Fonte: Pereira (1986, p. 314).*

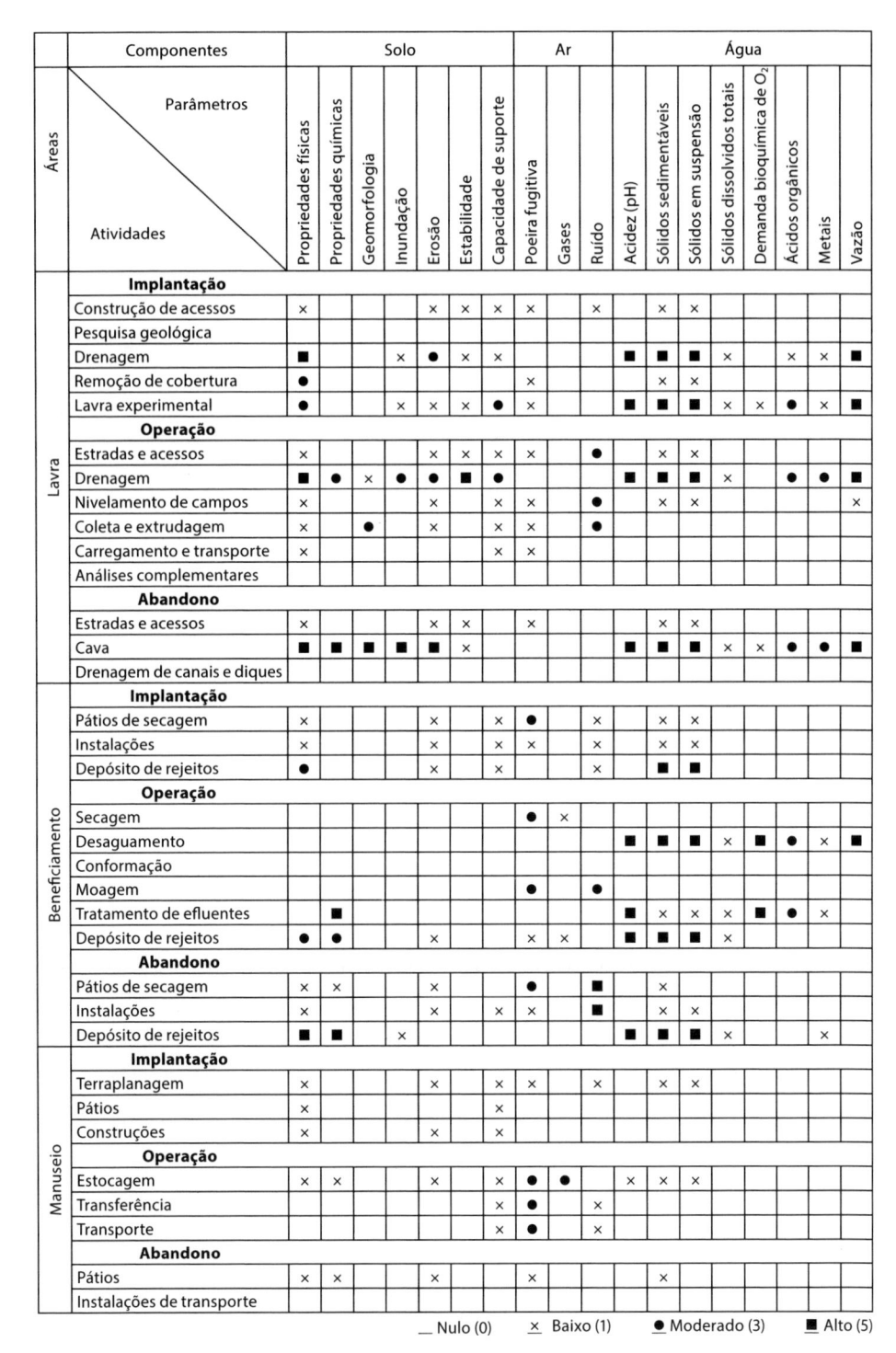

Áreas	Atividades / Parâmetros	Solo							Ar			Água							
		Propriedades físicas	Propriedades químicas	Geomorfologia	Inundação	Erosão	Estabilidade	Capacidade de suporte	Poeira fugitiva	Gases	Ruído	Acidez (pH)	Sólidos sedimentáveis	Sólidos em suspensão	Sólidos dissolvidos totais	Demanda bioquímica de O_2	Ácidos orgânicos	Metais	Vazão
Lavra	**Implantação**																		
	Construção de acessos	×				×	×	×	×		×		×	×					
	Pesquisa geológica																		
	Drenagem	■			×	●	×	×				■	■	■	×		×	×	■
	Remoção de cobertura	●							×				×	×					
	Lavra experimental	●			×	×	×	●	×			■	■	■	×	×	●	×	■
	Operação																		
	Estradas e acessos	×				×	×	×	×		●		×	×					
	Drenagem	■	●	×	●	●	■	●				■	■	■	×		●	●	■
	Nivelamento de campos	×				×		×	×		●		×	×					×
	Coleta e extrudagem	×		●		×	×	×			●								
	Carregamento e transporte	×							×	×									
	Análises complementares																		
	Abandono																		
	Estradas e acessos	×				×	×						×	×					
	Cava	■	■	■	■	■	×					■	■	■	×	×	●	●	■
	Drenagem de canais e diques																		
Beneficiamento	**Implantação**																		
	Pátios de secagem	×				×		×	●		×		×	×					
	Instalações	×				×		×	×		×		×	×					
	Depósito de rejeitos	●				×		×			×		■	■					
	Operação																		
	Secagem								●	×									
	Desaguamento											■	■	■	×	■	●	×	■
	Conformação																		
	Moagem								●		●								
	Tratamento de efluentes		■									■	×	×	×	■	●	×	
	Depósito de rejeitos	●	●			×			×	×		■	■	■	×				
	Abandono																		
	Pátios de secagem	×	×			×			●		■		×						
	Instalações	×				×			×	×			×	×					
	Depósito de rejeitos	■	■		×							■	■	■	×			×	
Manuseio	**Implantação**																		
	Terraplanagem	×				×	×	×	×		×		×	×					
	Pátios	×						×											
	Construções	×				×		×											
	Operação																		
	Estocagem	×	×			×		×	●	●		×	×	×					
	Transferência							×	●		×								
	Transporte							×	●		×								
	Abandono																		
	Pátios	×	×			×			×				×						
	Instalações de transporte																		

_ Nulo (0)   × Baixo (1)   ● Moderado (3)   ■ Alto (5)

FIG. 4.5 *Matriz genérica de impactos ambientais da mineração de turfa*
Fonte: Singer e Kumoto (1985, p. 5).

Quadro 4.1 Características dos impactos passíveis de serem analisados por meio de matrizes

Elementos dos impactos	Possibilidades
Desencadeamento	Imediato, diferenciado, escalonado
Frequência ou temporalidade	Contínua, descontínua, época do ano
Extensão	Puntual, areal-extensivo, linear, espacial
Reversibilidade	Reversível/temporário, irreversível/permanente
Duração	1 ano ou menos, de 1 a 10 anos, de 10 a 50 anos
Magnitude (escala)	Grande, média, pequena
Importância	Importante, moderada, fraca, desprezível etc. (significação local)
Sentido	Positivo, negativo
Origem	Direta (efeitos primários), indireta (efeitos secundários, terciários etc.)
Acumulação	Linear, quadrática, exponencial etc.
Sinergia	Presente ("sim"), ausente ("não")
Distribuição dos ônus/benefícios	Socializados, privatizados

Fonte: Rohde (1988, p. 12).

Capítulo 5 | Proteção ambiental

5.1 Medidas de proteção ambiental *stricto sensu*

Após a identificação dos impactos ambientais que um empreendimento desenvolverá na sua instalação ou quando estiver em operação, existe a necessidade de adotar medidas para prevenir, reduzir, compensar ou, se possível, suprimir as suas consequências negativas.

É evidente, então, que as características do empreendimento e de sua atuação no meio ambiente determinarão de forma fundamental quais serão as medidas de proteção ambiental a serem implementadas. As características do meio ambiente e sua maior ou menor fragilidade também influenciam, embora em menor grau, essas escolhas e decisões. Campo de atuação principal da Engenharia Ambiental, o abatimento e a remoção de particulados e de dióxido de enxofre, a disposição correta de efluentes líquidos e sólidos e a redução de poeira e ruídos estão incluídas nessa prática.

O estudo sistemático da *atividade minerária* (Ibram, 1985) permitiu determinar as medidas de proteção ambiental a seguir, vistas sob o enfoque de "métodos de controle da poluição".

Os métodos de *controle da poluição do ar* são os seguintes (Ibram, 1985):

1. *aspersão de água*:
    - em estradas, por meio de carros-pipa ou redes aspersoras fixas;
    - nos processos de perfuração, peneiramento e britagem;
    - pela varrição úmida;
    - pela lavagem de gases e retenção de particulados;
    - em pilhas de estéril e produto;
    - sobre correias, ponto de transferência etc.;

2. *proteção contra erosão eólica:*
   - proteção com cobertura vegetal em áreas decapadas, pilhas de estéril e cava de mina;
   - proteção com película de cal ou outras substâncias, em veículos de transporte (vagões) ou pilhas de produtos;
   - cobertura com revestimentos plásticos, lonas de algodão ou similares em veículos, pilhas etc.;
   - aspersão de água;
3. *controle de detonações:*
   - elaboração de planos de fogo que levem em conta condições meteorológicas, direção dos ventos etc.;
   - estudo da melhor hora da detonação;
   - redução do número de detonações secundárias;
   - redução de carga por espera e utilização de retardos;
   - ventilação exaustora e diluidora em minas subterrâneas;
4. *enclausuramento e captação de fontes emissoras perigosas;*
5. *ventilação exaustora, diluidora e de refrigeração;*
6. *utilização de equipamentos despoluidores do ar, como filtros, ciclones, precipitadores, lavadores e, quando necessário, equipamento de proteção individual;*
7. *cinturão verde.*

Os cinturões verdes ou florestais oferecem redução da poluição do ar por gases, poeira e energia. Reduzindo o impacto visual, minimizam o efeito psicológico da agressão ambiental. Implantados entre a área industrial e a urbana, entre a área industrial e a rural ou dentro da própria área industrial, separando as áreas produtivas e administrativas, eles produzem um efeito amenizador. Sua implantação está associada aos estudos da resistência e dos efeitos danosos que os poluentes emitidos podem acarretar às diversas espécies de árvores plantadas e ao próprio paisagismo interno.

O efeito do cinturão verde em termos de qualidade ambiental se dá por meio da absorção parcial de alguns gases, como SO_2, NO_2, O_3 e HF, da retenção física parcial do material particulado emitido e da redução da poluição sonora.

Essa prática apresenta vantagens, como melhoria da visibilidade e das condições de trabalho e menor efeito da poeira sobre equipamentos e instalações, uma vez que o cinturão verde atua como uma espécie de filtro.

Apesar de essa metodologia ser relativamente nova no Brasil, deve-se utilizá-la sempre que possível nas minerações, que normalmente possuem (junto às minas) áreas disponíveis para a sua implantação.

Os principais processos de *controle de poluição da água* em empreendimentos de mineração podem ser vistos na Fig. 5.1.

A barragem de contenção de rejeitos é um dos métodos mais empregados no controle da poluição hídrica. Diversos métodos construtivos estão disponíveis em função do tipo de rejeito, topografia, condição climática e solo de construção. Algumas vezes permitem, inclusive, a recuperação do rejeito por meio de processo de concentração, tornando-se fonte de receita financeira.

Existem vários tipos de barragem de contenção de rejeitos: barragens de terra (*upstream, upstream* utilizando ciclones, *downstream* e *downstream*

Processos	pH	Ácidos	Álcalis	Sólidos sedimentáveis	Sólidos em suspensão	Metais pesados	Cromo hexavalente	Matéria orgânica	Óleos	Fenol	Corantes	Sabor/odor	Herbicidas/pesticidas	Calor	Fósforo	Nitrogênio	Radioatividade	Cianetos
Neutralização	x	x	x															
Oxirredução							x			x	x	x						x
Sedimentação				x	x			x										
Floculação/decantação				x	x	x	x	x	x									x
Filtração				x	x	x												
Flotação						x			x									
Trocadores de íons						x	x		x					x	x	x		
Retenção em lagos ou barragens					x			x	x	x	x	x		x	x	x		
Ruptura da emulsão									x									
Absorção								x		x	x	x	x				x	
Tratamento biológico								x	x	x					x	x		
Incineração direta									x	x	x							x
Desidratação do lodo				x	x	x		x	x	x	x	x						
Eliminação direta do lodo				x	x	x		x	x	x	x	x						
Lançamento em cavas	x	x						x										
Torres de refrigeração														x		x		
Dessalinização					x										x	x	x	

FIG. 5.1 *Métodos genéricos de controle de poluição da água*
Fonte: Ibram (1985, p. 32).

utilizando ciclones) e barragens filtrantes (sistema de enrocamento e sistema misto).

Os principais métodos de *controle da poluição do solo* na mineração (Ibram, 1985) são identificados a seguir:
1. construção de aterros sanitários;
2. construção de depósitos controlados de rejeitos industriais;
3. construção de barragens de retenção de rejeitos, sólidos e líquidos industriais;
4. construção de aterros controlados de deposição de radioativos e substâncias tóxicas;
5. reabilitação estética e visual e destinação final da cava da mina, controle de focos de transmissores de doenças (p.ex., malária);
6. revestimento superficial impermeabilizante com produtos sintéticos e concreto projetado;
7. reabilitação da cobertura vegetal com revegetação arbórea e gramínea;
8. drenagem geral.

A *deposição controlada de estéril* (2) deverá sempre levar em conta:
1. a escolha do local para o "bota-fora";
2. uma área de conformação topográfica favorável;
3. um vale, se possível, sem surgência de água;
4. o não comprometimento de mananciais e vegetações;
5. a capacidade compatível com o volume a ser gerado;
6. o estudo do terreno de fundação e sua limpeza;
7. os ângulos de repouso dos taludes, as alturas das bancadas, as larguras das bermas etc.;
8. a implantação de drenagem na base do depósito;
9. a compactação do material em camadas, com a deposição se processando de baixo para cima;
10. um sistema de drenagem interna das pilhas e de drenagem externa contra erosões superficiais;
11. cobertura vegetal ou impermeabilizante do depósito.

A *reabilitação da cobertura vegetal* (7) constitui um importante fator de controle da erosão, pois promove uma barreira física ao transporte de material, proporciona estrutura mais sólida ao solo em razão do sistema radicular, amortece o impacto das chuvas e eleva a sua porosidade, além de recompor a paisagem perturbada e reiniciar a cadeia de sucessão biológica.

As técnicas a serem adotadas variam em função da intensidade da interferência ocorrida, das características da lavra e do minério e da declividade e do tipo de terreno.

O *controle da erosão do solo* pode ser realizado por dois métodos básicos: o edáfico e o vegetativo. O método edáfico inclui as medidas de sistematização do terreno, como nivelamento, canaletas, terraceamento, curvas de nível, compactação, drenagem, estocagem da camada fértil do solo para utilização posterior, aração etc. O método vegetativo, entendido como sequência do edáfico, visa estabelecer a cobertura vegetal por meio do plantio de gramíneas e leguminosas, árvores e arbustos.

Os métodos de hidrossemeadura, gramas em placas, plantio manual, semeadura mecanizada etc. estão disponíveis e são utilizados por muitas mineradoras do Brasil.

A *reabilitação de áreas mineradas*, com selagem do fundo da mina, recomposição topográfica e revegetação, permitem a recuperação do uso do solo nos seus aspectos institucionais, agrários, comerciais e industriais, como, por exemplo:

1. cultivos e pastagens;
2. reflorestamentos;
3. áreas residenciais ou urbanas;
4. parques e áreas de recreação;
5. áreas para conservação da fauna;
6. áreas para criação de peixes;
7. áreas para obtenção de recursos hídricos;
8. depósitos de lixo ou resíduos de esgoto.

As medidas de proteção ambiental na mineração de carvão a céu aberto incluem as "técnicas de prevenção e controle da poluição", todas intimamente ligadas ao método de lavra:

1. *pré-operação:*
   – impacto ambiental;
   – cultivo das espécies vegetais nativas;
   – desvios de córregos, rios e drenagens de montante;

2. *operação:*
    - desmatamento e destoca;
    - carregamento e transporte do solo orgânico e do solo argiloso em separado, quando existirem;
    - esgotamento contínuo da área de lavra;
    - regularização das pilhas de estéreis;
    - cobertura com argila e solo orgânico;
    - sistematização da drenagem;
3. *pós-operação:*
    - enchimento e regularização da última cava;
    - correção do solo – pH, adubação;
    - plantio de espécies vegetais visando a conservação do solo e de espécies nativas, a fim de dar condições de formação de um novo equilíbrio ecológico na área ou de utilização como área florestal;
    - monitoramento dos efluentes da área;
    - construção de barragens de contenção.

As técnicas de *prevenção e controle da poluição nos depósitos de rejeitos da mineração de carvão a céu aberto* são:
1. máximo aproveitamento do carvão contido;
2. produção de concentrado piritoso;
3. confinamento dos rejeitos;
4. centralização do confinamento;
5. preparação da área do depósito:
    - estudos geotécnicos;
    - desmatamento;
    - destoca;
    - retirada da argila e solo orgânico para armazenamento;
6. operação:
    - drenagem periférica;
    - iluminação da praça de deposição;
    - deposição ordenada dos rejeitos, espalhamento e compactação;
    - cobertura com argila e solo;
7. pós-operação:
    - drenagem superficial sistemática;
    - revegetação;
    - acompanhamento, manutenção e monitoramento das águas.

No caso específico da mineração de turfa, é possível identificar as medidas de proteção listadas no Quadro 5.1.

Quadro 5.1 Medidas de proteção ambiental na mineração da turfa

Área	Medidas de proteção
Lavra	a) declividade adequada de estradas e acessos;
	b) manutenção dos canais de drenagem;
	c) construção de diques e canais periféricos;
	d) controle hidrogeológico com poços de observação;
	e) construção de bacias de decantação;
	f) tratamento químico dos efluentes da bacia;
	g) condicionamento do solo;
	h) adequação do equipamento de tráfego.
Beneficiamento	a) manutenção e recuperação do depósito de rejeitos;
	b) tratamento dos efluentes de desaguamento da turfa;
	c) controle da poeira proveniente da secagem e moagem da turfa;
	d) drenagem superficial da área de beneficiamento.
Manuseio	a) drenagem dos pátios de estocagem;
	b) controle de temperatura e umidade das pilhas de estocagem;
	c) controle de umidade nas operações de manuseio;
	d) adequação do equipamento de transporte.

Fonte: Singer e Kumoto (1985, p. 7).

5.2 Avaliação de riscos geodinâmicos

A *avaliação de riscos geodinâmicos* consiste em um exame sistemático de um empreendimento real ou proposto, visando identificar e formar uma opinião sobre ocorrências geodinâmicas perigosas potencialmente sérias e suas respectivas consequências.

O risco devido a uma determinada atividade geodinâmica pode ser entendido como o potencial de ocorrência de consequências indesejadas decorrentes da realização/instalação do empreendimento quando submetido à referida atividade geodinâmica. Como exemplos de atividades geodinâmicas, podem ser citados: sismicidade (natural ou induzida), tectonismo, tsunamis, inundações, movimentos de massas, subsidência (natural ou induzida), recalques, desabamentos, dolinas, vulcanismo e erosão acelerada.

Os riscos geodinâmicos podem ser classificados conforme mostrado no Quadro 5.2.

Quadro 5.2 Classificação dos riscos geodinâmicos

Classificação dos riscos geodinâmicos	
Quanto à sua relação entre frequência e consequência	- alta probabilidade e baixas consequências;
	- baixa probabilidade e altas consequências.
Quanto à sua relação com a realidade	- risco real;
	- risco percebido.
Quanto à origem	- natural;
	- antropogênica ("artificial");
	- mista.

As ações e o planejamento no sentido de reduzir ou eliminar riscos geodinâmicos conforme os *objetivos* podem ser classificados como:
1. *corretivos* (ou *de controle*), quando visam eliminar os efeitos de um processo em andamento ou já ocorrido;
2. *preventivo* (ou *de prevenção*), quando o planejamento e as ações (baseadas no potencial de risco oferecido) ocorrem antes do início do processo.

As soluções empregadas para enfrentar os riscos geodinâmicos também podem ser classificadas em estruturais e não estruturais. As *soluções estruturais* configuram, em geral, obras civis ou equipamentos tecnológicos, e correspondem à suplantação do problema por meio de uma intervenção técnica. As *soluções não estruturais* estão ligadas ao convívio com o problema, à adaptação a ele; estabelecem soluções não estruturais as medidas de previsão, prevenção e planejamento quanto aos riscos, as quais são exemplificáveis pelo gerenciamento de bacias hidrográficas, mapas de uso do solo e de riscos sísmicos, previsão de terremotos, mapas de riscos quanto à erosão acelerada etc.

A Fig. 5.2 mostra o esquema geral de avaliação e gerenciamento de riscos geodinâmicos.

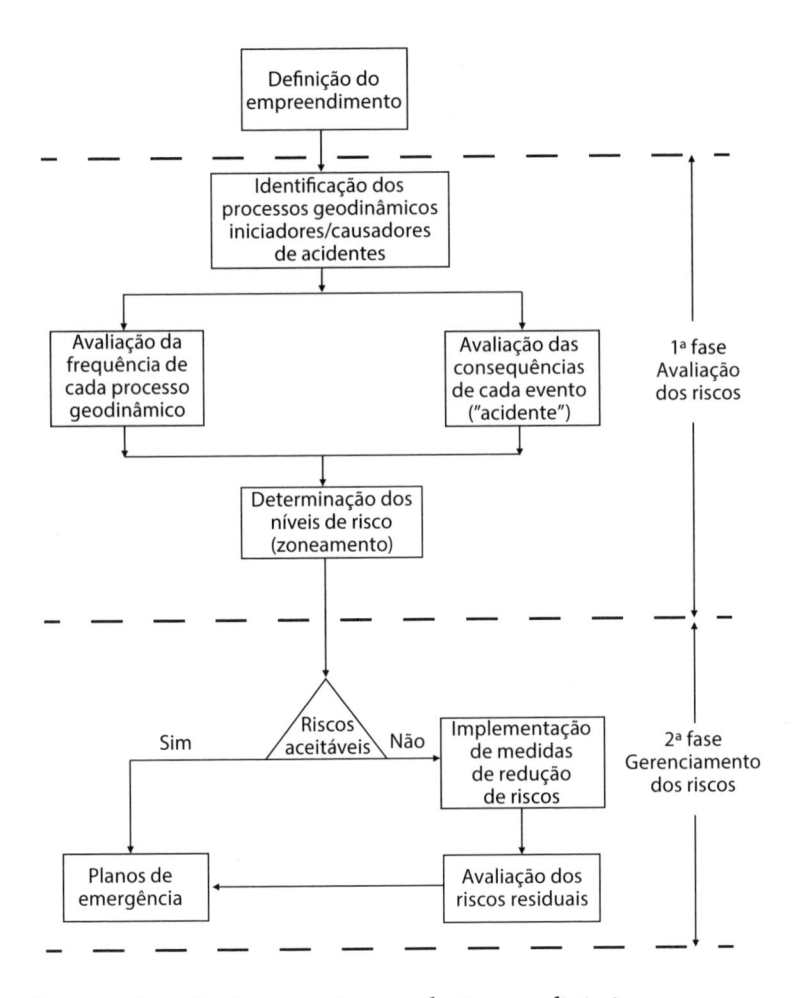

FIG. 5.2 *Esquema de avaliação e gerenciamento de riscos geodinâmicos*

Capítulo 6 | Monitoramento

6.1 Sistemas de monitoramento

O monitoramento é uma atividade de controle ambiental que começa após o estabelecimento da hipótese inicial (configurada no Rima) e que serve, em última análise, para testar a sua validade (Fig. 6.1).

O monitoramento pós-EIA tem três justificativas básicas:

1. a documentação dos impactos;
2. o alarme para impactos adversos ou mudanças súbitas em tendências de impactos não previstos, por meio de indicadores que atinjam níveis críticos (definidos anteriormente por leis, regulamentos, níveis limiares, normas ou procedimentos);
3. as agências governamentais de todos os níveis têm potencial substancial de controlar, coletivamente, a temporalidade, frequência,

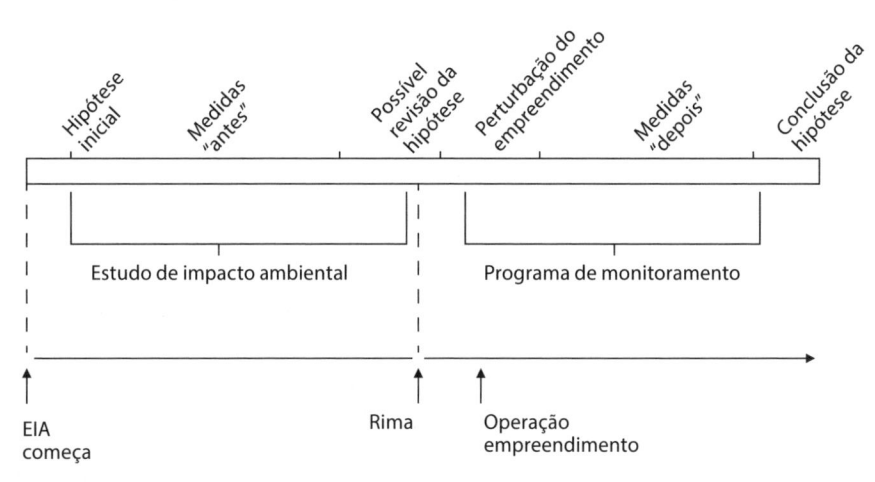

FIG. 6.1 *Relação entre EIA e monitoramento*
Fonte: adaptado de Beanlands e Duinker (1983, p. 60).

locação e nível dos impactos; esses controles auxiliam na tomada de decisão, no planejamento, na regulação e reforço da legislação e na disponibilidade de dados ambientais (considerados cada vez mais um bem público e, portanto, devendo ser providos pelo poder público).

Os usuários primários dos dados de monitoramento são, claramente, agências de controle ambiental funcionando em nível de campo, que são os coletores de dados mais apropriados e devem ser, dessa maneira, ativamente envolvidos no desenvolvimento e operação dos sistemas de monitoramento.

A definição usual de que "monitoramento simplesmente significa mensuração repetitiva" (Beanlands; Duinker, 1983, p. 19) encerra dois aspectos importantes: a repetitividade e a possibilidade desta ser realmente efetuada. Dessa forma, esses dois aspectos originam as duas questões desenvolvidas pelo Geological Survey, ao propor um método para monitoramento pós-EIA (Marcus, 1979): o desenvolvimento de um sistema de monitoramento (Fig. 6.2) e a sua implementação/operação (Fig. 6.3).

Semelhante otimização leva em conta o problema da análise dos dados obtidos e focaliza seus objetivos em nível de campo e planejamento nacional.

O Geological Survey apresenta (Marcus, 1979, p. 39) uma advertência:

> O valor último de um sistema de monitoramento é determinado pelo alcance com o qual ele molda as decisões futuras das ações federais, e pela amplitude com a qual as agências efetivamente reagem aos impactos.

Transposto ao caso do monitoramento de empreendimentos em que o fluxo de informações ambientais (Fig. 6.4) será realizado pelo próprio empreendedor, o programa de monitoramento ambiental deve ser explicitado não só em termos de abrangência geográfica (como exemplificado na Fig. 6.5), mas justamente na frequência das observações, medidas e análises e no repasse das informações ao órgão de controle ambiental.

6.2 Monitoramento do geossistema

O papel das Geociências quanto ao desenvolvimento de um sistema de monitoramento do ambiente físico (geossistema) prende-se, basicamente, aos seguintes aspectos:

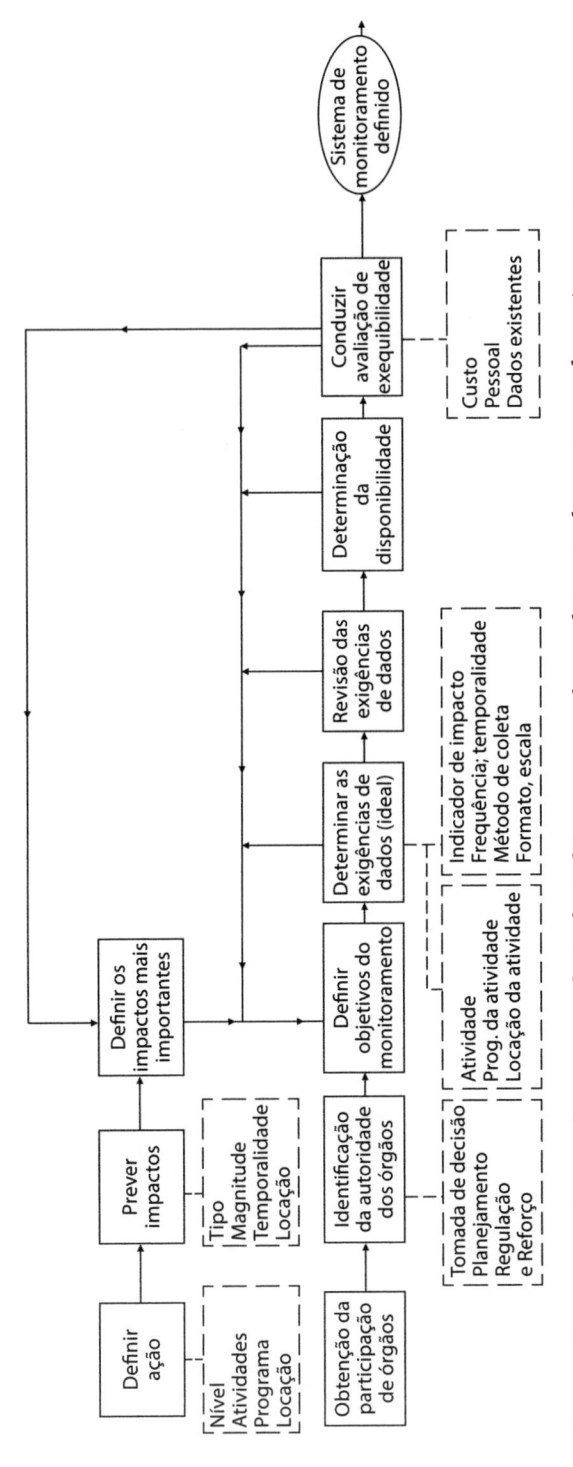

FIG. 6.2 *Fluxograma do método proposto pelo Geological Survey para o desenvolvimento de um sistema de monitoramento Fonte: Marcus (1979, Plate 1).*

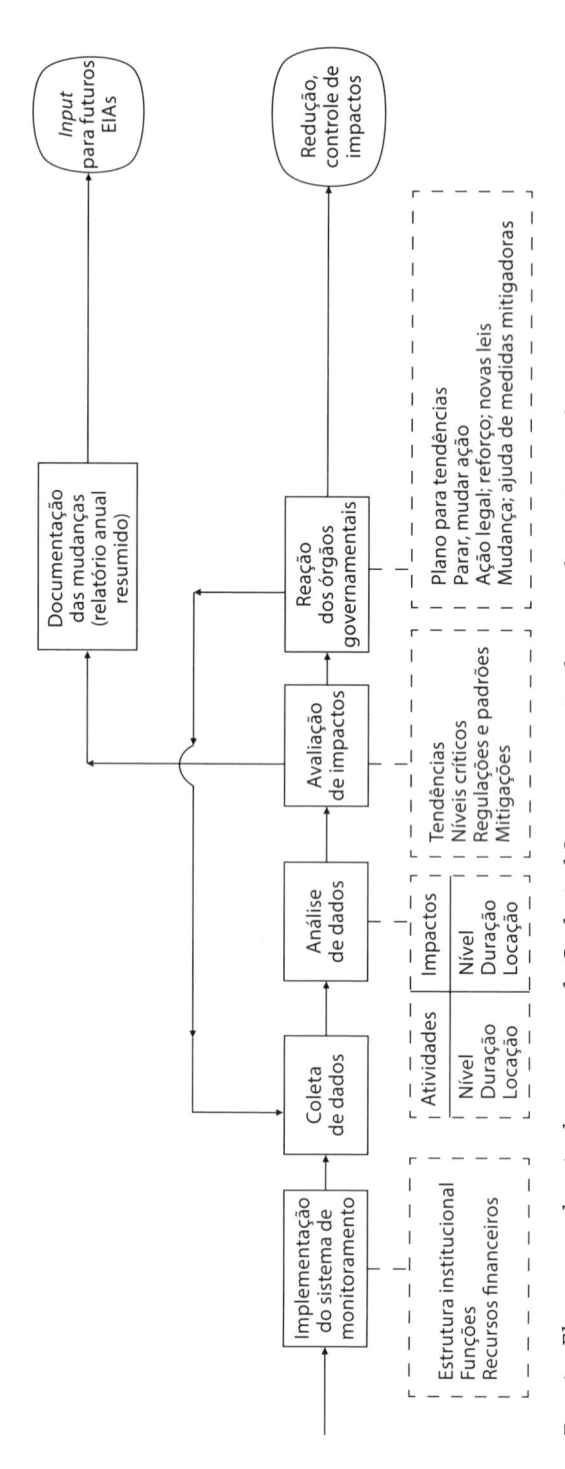

Fig. 6.3 *Fluxograma do método proposto pelo Geological Survey para a implantação de um sistema de monitoramento Fonte: Marcus (1979, Plate 2).*

1. *monitoramento espacial* – compreende o acompanhamento e a cartografação da evolução pedológica, geológica e geomorfológica pela influência antrópica; a evolução da paisagem antropogênica; os padrões de drenagem artificial induzidos ou construídos e a evolução (mudança, impedimento, sucessão ou continuidade) do uso do solo, incluindo áreas inundadas por lagos artificiais (represas, barragens, diques etc.);
2. *monitoramento biogeoquímico* – abrange as medidas pós-EIA com relação a metais pesados, elementos-traço e substâncias potencialmente poluidoras dentro do geossistema e nos vegetais, servindo para testar a(s) hipótese(s) dos Estudos de Impacto Ambiental e do respectivo Relatório de Impacto Ambiental quanto à mobilidade de elementos, transporte de poluentes e o próprio comportamento biogeoquímico do geossistema afetado pelo empreendimento;
3. *monitoramento climático* – possui, como objetivo, a caracterização do mesoclima induzido na área (ou região) do empreendimento, além de determinar a existência de microclimas artificiais (nos quais serão necessários estudos mais específicos e detalhados);
4. *monitoramento de fluxos* – consiste na determinação das mudanças de fluxo dos fluidos naturais em função da instalação do empreendimento, tais como vazões de canais da água superficial, fluxos da água subterrânea (aquíferos), rebaixamentos no lençol freático e modificações no regime dos ventos;
5. *monitoramento físico-mecânico* – estabelece o acompanhamento da sismicidade induzida, da subsidência artificial e dos movimentos de massa (escorregamentos, recalques, desabamentos, escoamentos etc.).

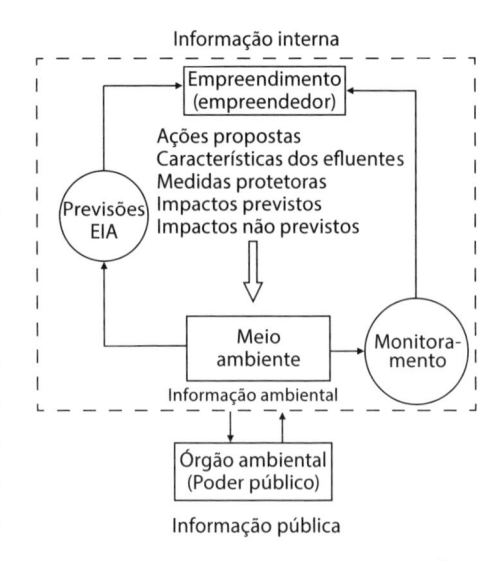

FIG. 6.4 *Fluxo de informação ambiental no processo do monitoramento ambiental pelo empreendedor (automonitoramento)*

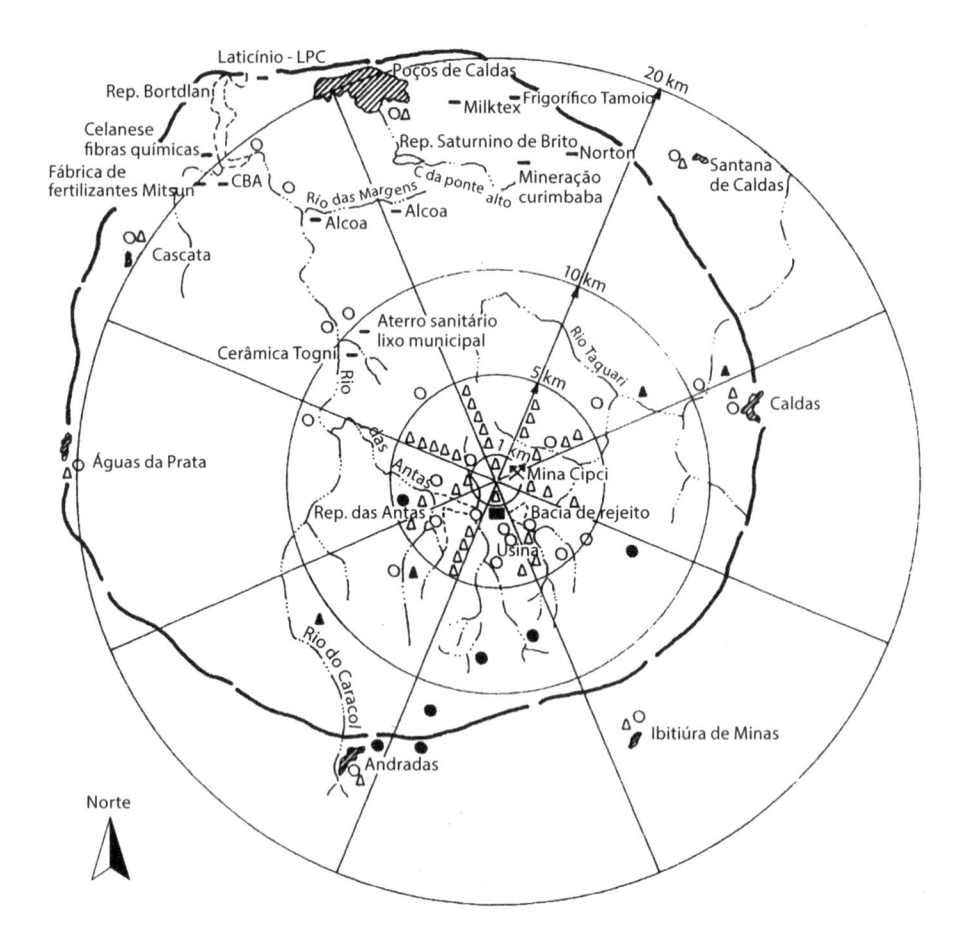

FIG. 6.5 *Programa de monitoramento ambiental no complexo minero-industrial do planalto de Poços de Caldas (MG) (CIPC)*
Fonte: extraído de Curso de controle da poluição na mineração (1987, 3. ed., v. 1, p. 236).

Legenda:
- 🖵 - Meteorologia, velocidade e direção do vento, índices pluviométricos, temperatura, unidades
- △ - Níveis de radiação gama: taxa de exposição e TLD
- ▲ - Ar, água de chuva, solo, TLD
- ● - Solo, pasto, produtos agropecuários
- ○ - Águas: de superfície e sedimentos; mineral, subterrânea; nascentes; potável

O *desenvolvimento do sistema total de monitoramento do geossistema* é, assim, composto pelos cinco aspectos descritos. Cabe registrar que os dados obtidos nos diversos tipos de monitoramento (espacial, biogeoquímico, climático, de fluxos e físico-mecânico) não se esgotam em seu campo específico, mas fornecem, geralmente, muitos subsídios para os outros aspectos, complementando-os, comprovando-os ou até ampliando-os.

6.2.1 Monitoramento Espacial

O *desenvolvimento do sistema de monitoramento espacial* compreende os seguintes itens:
1. escolha do registro e tipo de cartografia a ser utilizado;
2. determinação temática da evolução espacial (paisagística, hidrológica, pedológica, geológica, geomorfológica, uso do solo etc.) a ser cartografada e tipo de cartografia adotada;
3. métodos de campo (topografia, desenhos, croquis, fotografias, filmes, vídeos, transectos, perfis, amostragem, fotogrametria etc.);
4. uso de aerofotos;
5. uso de sensores remotos (Landsat, Spot etc.);
6. período ("tempo") de monitoramento.

6.2.2 Monitoramento Biogeoquímico

O *desenvolvimento do sistema de monitoramento biogeoquímico* compreende quatro aspectos (solo, água subterrânea, água superficial e vegetais), cujos itens são apresentados a seguir:

A. *solo*
1. malha de amostragem e/ou
2. locais de amostragem;
3. profundidade(s) de coleta;
4. parâmetros, elementos e substâncias a serem monitorados;
5. frequência das coletas;
6. período de monitoramento;

B. *água subterrânea*
1. malha de amostragem e/ou
2. locais de amostragem;
3. parâmetros, elementos e substâncias a serem monitorados;
4. frequência das coletas;
5. período de monitoramento;

C. *água superficial*
1. locais de amostragem;

2. locais especiais de amostragem;
3. parâmetros, elementos e substâncias a serem monitorados;
4. frequência das coletas;
5. período de monitoramento;

D. *vegetais bioindicadores por acumulação*
1. identificação e/ou determinação de espécies apropriadas para a bioindicação;
2. malha de amostragem e/ou
3. locais de amostragem;
4. número de amostras por local;
5. parte(s) da(s) planta(s) a ser(em) coletadas:
   – raízes;
   – caule e/ou ramos;
   – folhas;
6. período de monitoramento.

6.2.3 Monitoramento Climático

O *desenvolvimento do sistema de monitoramento climático* (mesoclima e microclima) compreende os seguintes itens:
1. malha de monitoramento e/ou
2. locais de monitoramento;
3. parâmetros a serem monitorados:
   – temperaturas na superfície;
   – regime pluviométrico;
   – umidade do ar;
   – regime de ventos;
   – energia na atmosfera (radiação solar, insolação, temperaturas);
   – características da atmosfera ("qualidade do ar");
4. período ("tempo") de monitoramento;
5. determinação das observações em locais especiais (nível microclimático).

6.2.4 Monitoramento de Fluxos

O *desenvolvimento do sistema de monitoramento de fluxos* compreende os seguintes itens:

1. determinação e identificação do(s) fluxo(s) *significativo(s)* a ponto de ser(em) monitorado(s);
2. tipos e equipamentos de medida;
3. malha de monitoramento e/ou
4. locais de monitoramento;
5. frequência das medidas;
6. período de monitoramento.

6.2.5 Monitoramento Físico-mecânico

O *desenvolvimento do sistema de monitoramento físico-mecânico* compreende os seguintes itens:

1. identificação do(s) fenômeno(s) físico-mecânico(s) presente(s) e que seja(m) *significativo(s)*;
2. determinação do(s) método(s) de medição do(s) fenômeno(s):
   - métodos de medição *direta* de movimentos;
   - topografia com *benchmarks*;
   - fotogrametria aérea e terrestre;
   - extensômetros de superfície e medidores de fendas;
   - instrumentação de subsuperfície;
   - métodos de medição *indireta* de movimentos;
   - medidores de pressão e nível d'água;
   - medidores de carga e de pressão em estruturas de contenção e suportes;
   - medidores de microrruídos;
   - estações sísmicas;
   - sismógrafos portáteis;
3. malha de monitoramento e/ou
4. locais de monitoramento;
5. frequência das medidas;
6. período de monitoramento.

Anexos

A.1 Informações ambientais no Brasil

As informações sobre o meio ambiente brasileiro são de natureza desconectada, dispersa, assistemática, especulativa e acadêmica (mas existem!): um imenso museu ortodoxo que, na maioria dos casos, não permite o entendimento holístico de qualquer questão ambiental. As listagens a seguir tentam auxiliar na dificultosa busca de dados ambientais no Brasil.

A.1.1 Cartográficas

Divisões de Levantamento do Exército
IBGE – Fundação Instituto Brasileiro de Geografia e Estatística (Rio de Janeiro/RJ e representações estaduais)
Inpe – Instituto Nacional de Pesquisas Espaciais (São José dos Campos/SP)
Cocar – Comissão de Cartografia (Brasília/DF)

A.1.2 Climáticas

DMET – Departamento Nacional de Meteorologia (Brasília/DF)
Inamet – Instituto Nacional de Meteorologia
IBGE – Fundação Instituto Brasileiro de Geografia e Estatística
Eletrobras – Centrais Elétricas Brasileiras S.A. (Rio de Janeiro/RJ)
Eletronorte – Centrais Elétricas do Norte do Brasil S.A. (Brasília/DF)
Eletrosul – Centrais Elétricas do Sul do Brasil S.A. (Florianópolis/SC)
Aneel – Agência Nacional de Energia Elétrica (Brasília/DF e representações estaduais) [sucedeu o DNAEE – Departamento Nacional de Águas e Energia Elétrica]

A.1.3 Geomorfológicas

IBGE – Fundação Instituto Brasileiro de Geografia e Estatística
DNPM – Departamento Nacional da Produção Mineral (Brasília/DF e representações estaduais)
CPRM – Companhia de Pesquisa de Recursos Minerais (Rio de Janeiro/RJ e representações estaduais)
Inpe – Instituto Nacional de Pesquisas Espaciais (São José dos Campos/SP)

A.1.4 Pedológicas

Embrapa – Empresa Brasileira de Pesquisa Agropecuária (Brasília/DF e representações estaduais)
MA – Ministério da Agricultura (Brasília/DF e representações estaduais)
Ibama – Instituto Brasileiro do Meio Ambiente e dos Recursos Naturais Renováveis (Brasília/DF e representações estaduais)
Inpe – Instituto Nacional de Pesquisas Espaciais (São José dos Campos/SP)
Secretarias de Agricultura Estaduais

A.1.5 Geológicas

DNPM – Departamento Nacional da Produção Mineral
CPRM – Companhia de Pesquisa de Recursos Minerais
IBGE – Fundação Instituto Brasileiro de Geografia e Estatística
Inpe – Instituto Nacional de Pesquisas Espaciais (São José dos Campos/SP)

A.1.6 Hidrológicas

ANA – Agência Nacional de Águas
IBGE – Fundação Instituto Brasileiro de Geografia e Estatística
Aneel – Agência Nacional de Energia Elétrica
DMET – Departamento Nacional de Meteorologia
Eletrobras – Centrais Elétricas Brasileiras S.A.
Eletronorte – Centrais Elétricas do Norte do Brasil S.A.
Eletrosul – Centrais Elétricas do Sul do Brasil S.A.
Cenimar – Centro de Informações da Marinha (Brasília/DF)
Inpe – Instituto Nacional de Pesquisas Espaciais (São José dos Campos/SP)

A.1.7 Hidrogeológicas

ANA – Agência Nacional de Águas
CPRM – Companhia de Pesquisa de Recursos Minerais
DNPM – Departamento Nacional da Produção Mineral
Aneel – Agência Nacional de Energia Elétrica
Companhias de Saneamento e Abastecimento de Água Estaduais (Corsan, Casan, Sanacre, Casal, Caesa, Cosama, Embasa, Cagece, Caesb, Cesan, Saneago, Caema, Sanemat, Sanesul, Copasa, Cosanpa, Cagepa, Sanepar, Compesa, Agespisa, Cedae, Caern, Caerd, Caer, Sabesp, Deso)

A.1.8 Geoquímicas
CPRM – Companhia de Pesquisa de Recursos Minerais
DNPM – Departamento Nacional da Produção Mineral
Aneel – Agência Nacional de Energia Elétrica
DNOS – Departamento Nacional de Obras e Saneamento
Eletrobras – Centrais Elétricas Brasileiras S.A.
Eletronorte – Centrais Elétricas do Norte do Brasil S.A.
Eletrosul – Centrais Elétricas do Sul do Brasil S.A.

Observações:
1. A indicação de determinada instituição em determinado ramo do conhecimento não implica que ela não possua informações em outros campos, apenas assinala que aquele indicado é o de sua atuação mais relevante.
2. As universidades (federais, estaduais e particulares) constituem bancos de dados muito bons, sendo muitos de seus trabalhos e pesquisas importantíssimos do ponto de vista ambiental.
3. Em cada unidade da federação há, ainda, instituições específicas que possuem dados ambientais (por exemplo, o Instituto Nacional de Pesquisa da Amazônia, em Manaus, a Fundação Zoobotânica do Rio Grande do Sul, em Porto Alegre etc.).
4. Os órgãos ambientais (os listados a seguir, por exemplo) possuem numerosos dados ambientais de sua região de atuação, além de terem bibliotecas especializadas.

Imac – Instituto de Meio Ambiente do Acre (Rio Branco/AC)
IMA – Instituto do Meio Ambiente (Maceió/AL)
Instituto de Proteção Ambiental do Estado do Amazonas (Manaus/AM)
CRA – Centro de Recursos Ambientais (Salvador/BA)
Semace – Superintendência Estadual de Meio Ambiente (Fortaleza/CE)
Ibama – Instituto Brasileiro do Meio Ambiente e dos Recursos Naturais Renováveis (Brasília/DF)
Instituto de Ecologia e Meio Ambiente do Distrito Federal (Brasília/DF)
Ministério do Meio Ambiente (Brasília/DF)
Seama – Secretaria de Estado para Assuntos do Meio Ambiente (Vitória/ES)
Fundação Estadual do Meio Ambiente (Goiânia/GO)
Gerência de Estado de Meio Ambiente e Recursos Naturais (São Luís/MA)

Feam – Fundação Estadual do Meio Ambiente (Belo Horizonte/MG)
Sema – Secretaria de Estado do Meio Ambiente e de Recursos Hídricos (Campo Grande/MS)
Feam – Fundação Estadual do Meio Ambiente (Cuiabá/MT)
Sectam – Secretaria de Estado de Ciência, Tecnologia e Meio Ambiente (Belém/PA)
Copam – Conselho de Proteção Ambiental da Paraíba (João Pessoa/PB)
Sudema – Superintendência de Administração do Meio Ambiente (João Pessoa/PB)
CPRH – Companhia Pernambucana do Meio Ambiente (Recife/PE)
Consema – Conselho Estadual de Meio Ambiente (Teresina/PI)
IAP – Instituto Ambiental do Paraná (Curitiba/PR)
Feema – Fundação Estadual de Engenharia do Meio Ambiente (Rio de Janeiro/RJ)
Coordenadoria de Meio Ambiente (Natal/RN)
Instituto de Desenvolvimento Econômico e Meio Ambiente (Natal/RN)
Sedam – Secretaria de Estado do Desenvolvimento Ambiental (Porto Velho/RO)
Fepam – Fundação Estadual de Proteção Ambiental (Porto Alegre/RS)
Sema – Secretaria do Meio Ambiente do Estado do Rio Grande do Sul (Porto Alegre/RS)
Fatma – Fundação do Meio Ambiente (Florianópolis/SC)
Adema – Administração Estadual do Meio Ambiente (Aracaju/SE)
Cetesb – Companhia de Tecnologia de Saneamento Ambiental (São Paulo/SP)
Secretaria de Estado do Meio Ambiente (São Paulo/SP)
Fundação Natureza do Tocantins (Palmas/TO)

A.2 Quadros sobre impactos, acidentes e critérios de classificação de áreas naturais

Quadro A.1 Definição de impactos diretos e indiretos

Definição
Impactos diretos são aqueles originados nas fases de implantação e operação do empreendimento em sua área de influência direta, podendo desencadear, ao longo do tempo, impactos indiretos.
Impactos indiretos são aqueles gerados a partir dos impactos diretos, tendo como origem o desenvolvimento do empreendimento ao longo do tempo em sua área de influência indireta.

Fonte: Sema (1986).

QUADRO A.2 LISTA DOS ACIDENTES MAIS COMUNS NOS EMPREENDIMENTOS

ACIDENTES

- explosões e *blowouts*
- derramamentos (*spills*)
- vazamentos (*leaks*)
- fugas gasosas
- incêndios
- falhas operacionais
- eventos geodinâmicos (terremotos, inundações, deslizamentos etc.)

QUADRO A.3 ALGUNS CRITÉRIOS PARA A AVALIAÇÃO DE ÁREAS NATURAIS

CRITÉRIOS

- raridade, unicidade
- diversidade
- tamanho
- naturalidade
- produtividade
- fragilidade
- representatividade, tipicidade
- importância para a vida selvagem, abundância
- ameaça
- valor educacional
- nível de significância
- considerações de limites e fronteiras
- locação ecológica/geográfica
- acessibilidade
- efetividade conservacionista
- recursos culturais
- forma

Fonte: extraído de Smith e Theberge (1986, p. 716).

A.3 Quadros e tabelas geoquímicas

Quadro A.4 A poluição do ar e os materiais

Tipo de material	Manifestação do dano	Medida de deterioração	Poluente	Outros fatores ambientais
Vidros	Alteração da aparência e superfície	Refletância	Substância ácida	Umidade
Metais	Danificação da superfície, perda de metal, embaçamento	Ganho de peso, perda de peso, alteração de condutividade	Dióxido de enxofre, substâncias ácidas	Umidade e temperatura
Pintura	Descoloração		Dióxido de enxofre, substância ácida	Umidade
Couro	Desintegração da superfície, enfraquecimento		Dióxido de enxofre, gás sulfídrico	Umidade
Papel	Torna-se quebradiço	Perda de resistência	Dióxido de enxofre	
Tecidos	Redução da resistência, formação de manchas		Dióxido de enxofre	Luz solar, fungos
Corantes	Desbotamento	Refletância	Dióxido de enxofre	Luz solar
Borracha	Enfraquecimento	Perda de elasticidade	Oxidantes, ozônio	Luz solar

Tab. A.1 Critérios recomendados pela Organização Mundial da Saúde (OMS) (1981) para a água destinada ao consumo humano

Parâmetros potencialmente tóxicos (mg/L)	
Arsênio	0,05
Cádmio	0,005
Chumbo	0,05
Cianeto	0,1
Cromo	0,05
Fluoreto	1,5
Mercúrio	0,001
Níquel	0,1

Nitrato + Nitrito	10
Nitrito	1
Selênio	0,01
Constituintes orgânicos (µg/L)	
Aldrin/dieldrin	0,03
Benzeno	10
Benzo(a)pireno	0,01
Clordano	0,3
2,4D	100
Clorofórmio	30
DDT	1
1,2 Dicloroetano	10
1,1 Dicloroetileno	0,3
Heptacloro/heptacloroepóxido	0,1
Hexaclorobenzeno	0,01
Lindano	3
Metoxicloro	30
Pentaclorofenol	10
Tetracloreto de Carbono	3
Tetracloroetileno	10
Tricloroetileno	30
2,4,6-Triclorofenol	10
(organoléptico)	0,1
Parâmetros que possuem qualidade estética (mg/L)	
Alumínio	0,2
Cloreto	250
Cobre	1,0
Dureza	500
Ferro	0,3
Manganês	0,1
Sódio	200
Sulfato	400
Sólidos	1.000
Zinco	5,0
Cor	15
Sabor e odor	Não objetável

Parâmetros que possuem qualidade estética (mg/L)	
Turbidez	5
pH	6,5-8,5

Observação: não foram estabelecidos limites aceitáveis para os seguintes parâmetros, que possuem propriedades relacionadas à saúde humana: asbestos, bário, berílio, dureza, mercúrio e sódio.

TAB. A.2 VALORES MÁXIMOS PERMISSÍVEIS DAS CARACTERÍSTICAS FÍSICAS, ORGANOLÉPTICAS E QUÍMICAS DA ÁGUA POTÁVEL

Características - unidades	Valor máximo permissível
I - Físicas e organolépticas	
Cor aparente - uH (unidade de Hazen; Pt-Co)	5 (entrada rede) - 15 (distribuição)
Odor	Não objetável
Sabor	Não objetável
Turbidez - uT (unidade de Jackson ou nefelométrica)	1 (entrada rede) - 5 (distribuição)
II - Químicas	
a - Componentes inorgânicos que afetam a saúde (mg/L)	
Arsênio	0,05
Bário	1,0
Cádmio	0,005
Chumbo	0,05
Cianetos	0,1
Cromo total	0,05
Fluoretos	Deve atender à legislação em vigor
Mercúrio	0,001
Nitratos - N	10
Prata	0,05
Selênio	0,01
b - Componentes orgânicos que afetam a saúde (µg/L)	
Aldrin e dieldrin	0,03
Benzeno	10
Benzo(a)pireno	0,01
Clordano (total de isômeros)	0,3
DDT (p-p' DDT; o-p' DDT; p-p' DDE; o-p' DDE)	1
1,2 Dicloroetano	10
2,4 D	100

1,1 Dicloroeteno	0,3
Endrin	0,2
Heptacloro e heptacloro epóxido	0,1
Hexaclorobenzeno	0,01
Lindano (gama HCH)	3
Metoxicloro	30
Pentaclorofenol	10
Tetracloreto de carbono	3
Tetracloroeteno	10
Toxafeno	5,0
Tricloroeteno	30
2,4,6-Triclorofenol	10 (limiar de odor = 0,1)
Trihalometanos	100
c - Componentes que afetam a qualidade organoléptica (mg/L)	
Alumínio	0,2 (sujeito a revisão)
Agentes Tensoativos (reagentes ao azul de metileno)	0,2
Cloretos - Cl	250
Cobre	1,0
Dureza total - $CaCO_3$	500
Ferro total	0,3
Manganês	0,1
Sólidos totais dissolvidos	1.000
Sulfatos - SO_4	400
Zinco	5

Fonte: conforme Portaria n° 36 do Ministério da Saúde, de 19 de janeiro de 1990.

TAB. A.3 ELEMENTOS RAROS EM CINZAS DE CARVÃO

Elemento	Média de conteúdo em cinzas de carvão (g/t)	Média de conteúdo na crosta terrestre (g/t)	Fator de enriquecimento
B	600	10	60
Ge	500	1,5	330
As	500	2	250
Bi	20	0,2	100
Be	45	2,8	16
Co	300	25	12
Ni	700	75	9
Cd	5	0,2	25
Pb	100	13	8
Ag	2	0,1	20
Sc	60	22	3
Ga	100	15	7
Mo	50	1,5	30
U	400	2,7	150

Fonte: Mason e Moore (1982, p. 270).

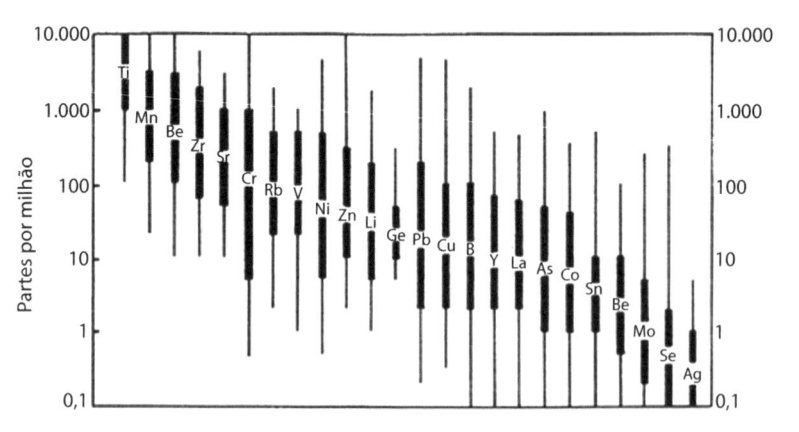

Observação: as faixas largas cobrem o intervalo comumente encontrado; linhas finas representam a extensão de valores altos e baixos anormais.

FIG. A.1 *Conteúdo total de elementos-traço nos solos. As faixas largas cobrem o intervalo comumente encontrado; as linhas finas representam a extensão de valores*
Fonte: Swaine (1969, p. vi).

■■■ Intervalo comumente encontrado (valores de literatura para outros carvões)

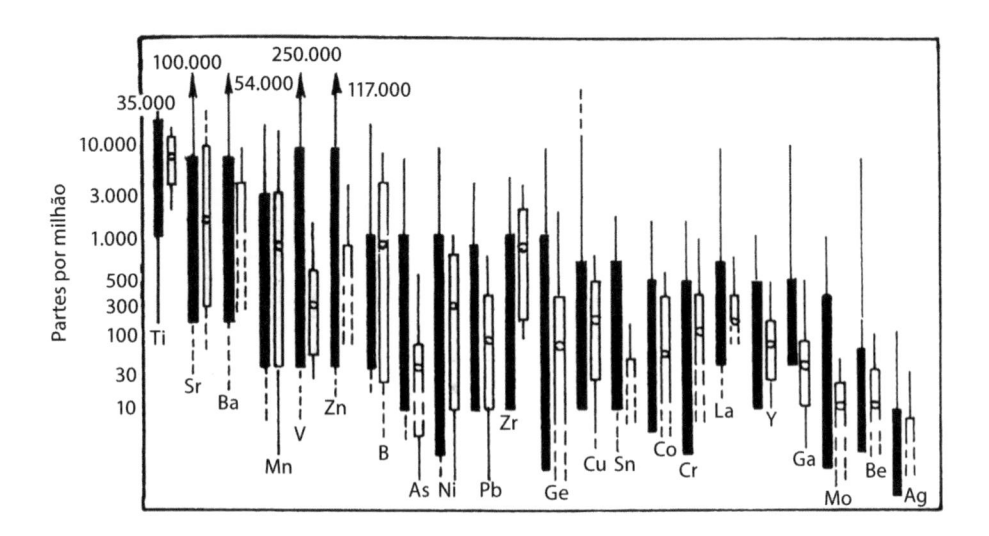

---- Intervalo comumente encontrado (90% dos valores em New South Whales)

=o= Conteúdos médios

≡≡≡ Valores menores que a detectabilidade instrumental (de certa magnitude)

—— Valores raramente encontrados

— — — Valores de magnitude incerta

FIG. A.2 *Intervalo de valores para elementos-traço em cinzas de carvão*
Fonte: Mason e Moore (1982, p. 270).

TAB. A.4 ELEMENTOS DE CONSTITUIÇÃO ESSENCIAL A DIVERSOS MATERIAIS

Elemento	MATERIAL						
	Solo mineral	Solo orgânico	Solo extração	Plantas	Tecidos de animais	Água da chuva	Água doce
Al	1-15%	0,05-0,5%	10-200 mg/100 g	0,01-0,1%	0,001-0,02%	2-100 µg/L	100-2.000 µg/L
B	3-50 µg/g	2-20 µg/g	0,2-5 µg/g	10-80 µg/g	0,4-2 µg/g	100 µg/L	10-500 µg/L
Ca	0,5-2%	0,1-0,5%	10-200 mg/100 g	0,3-2,5%	0,03-0,3%	0,1-3 mg/L	1-100 mg/L
Co	1-60 µg/g	0,2-1 µg/g	0,05-4 µg/g	0,1-0,6 µg/g	0,02-0,1 µg/g	0,05-0,5 µg/L	0,5-2,5 µg/L

Elemento	Solo mineral	Solo orgânico	Solo extração	Plantas	Tecidos de animais	Água da chuva	Água doce
Cu	5-100 µg/g	6-40 µg/g	0,1-3 µg/g	2,5-25 µg/g	10-100 µg/g	0,2-2 µg/L	2-50 µg/L
Fe	0,5-10%	0,02-0,5%	50-1.000 µg/g	40-500 µg/g	100-400 µg/g	5-150 µg/L	50-1.000 µg/L
Mg	0,2-3%	0,05-0,3%	4-50 mg/100g	0,1-0,5%	0,05-0,2%	0,1-2,0 mg/L	0,5-20 mg/L
Mn	200-3.000 µg/g	50-500 µg/g	5-500 µg/g	50-1.000 µg/g	5-50 µg/g	0,4-3 µg/L	1-80 µg/L
Mo	0,3-3 µg/g	0,05-0,5 µg/g	0,01-0,2 µg/g	0,1-0,8 µg/g	0,03-0,3 µg/g	0,05-0,3 µg/L	0,1-2 µg/L
K	0,1-2%	0,02-0,2%	5-50 mg/100 g	0,5-3%	0,3-1,5%	0,5-15 mg/L	2-100 mg/L
Na	0,1-1%	0,02-0,1%	2-20 mg/100 g	0,02-0,3%	0,2-1,0%	0,5-15 mg/L	2-100 mg/L
Zn	20-300 µg/g	10-50 µg/g	1-40 µg/g	15-100 µg/g	100-300 µg/g	1-15 µg/L	5-50 µg/L

Observações: todos os valores referem-se a peso seco; µg/g = ppm e µg/L = ppb; o conteúdo dos elementos no item "solo extração" refere-se a metais extraíveis em solução de acetato de amônia.
Fonte: dados extraídos de Allen (1974, p. 305-374).

TAB. A.5 CONTEÚDO TOTAL DE ELEMENTOS NÃO ESSENCIAIS (E POTENCIALMENTE TÓXICOS) DE DIVERSOS MATERIAIS

Elemento	MATERIAL			
	Solo (µg/g)	Plantas (µg/g)	Animais (µg/g)	Água (µg/L)
As	1-10	0,1-10	0,1-0,5	0,2-1,0
Cd	0,03-0,3	0,01-0,3	0,05-0,5	1-50
Cr	10-200	0,05-0,5	0,01-0,3	0,1-0,3
Pb	2-20	0,05-3	0,1-3,0	2-20
Hg	0,1-1,0	0,005-0,1	0,03-0,3	0,3-3,0
Ni	5-500	0,5-5	0,1-5,0	5-100
Se	0,1-5	0,05-2	0,1-3,0	1-30

Observações: todos os valores referem-se a peso seco; µg/g = ppm e µg /L = ppb.
Fonte: dados extraídos de Allen (1974, p. 305-374).

Tab. A.6 Conteúdo médio dos elementos em solos e rochas

Conteúdo médio dos elementos em solos comparado com os dos principais tipos de rochas ígneas e sedimentares (%)

Elemento	Rochas ultrabásicas (dunitos, peridotitos e piroxenitos)	Rochas básicas (basaltos, gabros, noritos e diabásios)	Rochas intermediárias (dioritos, andesitos)	Rochas ácidas (granitos, riolitos etc.)	Rochas sedimentares (arenitos, argilitos e folhelhos)	Composição dos solos
Li	2×10^{-4}	$1,5 \times 10^{-3}$	2×10^{-3}	7×10^{-3}	6×10^{-3}	3×10^{-3}
Be	2×10^{-5}	$1,5 \times 10^{-4}$	-	$5,5 \times 10^{-4}$	7×10^{-4}	6×10^{-4}
B	4×10^{-3}	1×10^{-3}	-	$1,5 \times 10^{-3}$	$1,2 \times 10^{-3}$	1×10^{-3}
C	1×10^{-2}	1×10^{-2}	-	3×10^{-2}	1,2	2,0
N	-	-	-	$3,6 \times 10^{-3}$	1×10^{-1}	1×10^{-1}
O	43,00	44,80	46,10	48,66	51,84	49,0
F	1×10^{-2}	$3,7 \times 10^{-2}$	5×10^{-2}	8×10^{-2}	5×10^{-2}	2×10^{-2}
Na	$5,7 \times 10^{-1}$	1,94	3,0	2,77	0,66	0,63
Mg	14,10	4,50	2,18	0,56	1,34	0,63
Al	2,88	8,76	8,85	7,70	10,45	7,13
Si	20,20	22,80	26,00	32,30	24,8	33,0
P	$1,2 \times 10^{-1}$	$1,4 \times 10^{-1}$	$1,6 \times 10^{-1}$	7×10^{-2}	$7,7 \times 10^{-1}$	8×10^{-2}
S	3×10^{-1}	2×10^{-1}	1×10^{-1}	4×10^{-2}	3×10^{-1}	$8,5 \times 10^{-2}$
Cl	2×10^{-2}	2×10^{-2}	2×10^{-2}	$2,4 \times 10^{-2}$	$1,6 \times 10^{-2}$	1×10^{-2}
K	5×10^{-1}	$8,3 \times 10^{-1}$	2,31	3,34	2,28	1,36
Ca	7,70	6,72	4,65	1,58	2,53	1,37
Sc	1×10^{-3}	$2,4 \times 10^{-3}$	$1,5 \times 10^{-3}$	7×10^{-4}	1×10^{-3}	7×10^{-4}
Ti	3×10^{-1}	9×10^{-1}	8×10^{-1}	$2,3 \times 10^{-1}$	$4,5 \times 10^{-1}$	$4,6 \times 10^{-1}$
V	$1,4 \times 10^{-2}$	2×10^{-2}	1×10^{-2}	4×10^{-3}	$1,3 \times 10^{-2}$	1×10^{-2}
Cr	2×10^{-1}	3×10^{-2}	$5,6 \times 10^{-3}$	$2,5 \times 10^{-3}$	$1,6 \times 10^{-2}$	2×10^{-2}
Mn	$1,3 \times 10^{-1}$	$2,2 \times 10^{-1}$	$1,2 \times 10^{-1}$	6×10^{-2}	$6,7 \times 10^{-2}$	$8,5 \times 10^{-2}$
Fe	9,85	8,56	5,85	2,70	3,33	3,8
Co	2×10^{-2}	$4,5 \times 10^{-3}$	2×10^{-3}	5×10^{-4}	$2,3 \times 10^{-3}$	8×10^{-4}
Ni	$1,2 \times 10^{-1}$	$1,6 \times 10^{-2}$	$5,5 \times 10^{-3}$	8×10^{-4}	$9,5 \times 10^{-4}$	4×10^{-3}
Cu	8×10^{-3}	$1,4 \times 10^{-2}$	$3,5 \times 10^{-3}$	3×10^{-3}	$5,7 \times 10^{-3}$	2×10^{-3}
Zn	5×10^{-3}	$1,3 \times 10^{-2}$	$7,2 \times 10^{-3}$	6×10^{-3}	8×10^{-3}	5×10^{-3}
Ga	4×10^{-4}	$1,8 \times 10^{-3}$	2×10^{-3}	3×10^{-3}	4×10^{-3}	3×10^{-3}
Ge	-	$1,5 \times 10^{-4}$	$1,5 \times 10^{-4}$	3×10^{-4}	7×10^{-4}	10^{-4}
As	$2,8 \times 10^{-4}$	2×10^{-4}	$2,4 \times 10^{-4}$	$1,5 \times 10^{-4}$	$6,6 \times 10^{-4}$	5×10^{-4}

Elemento	Rochas ultrabásicas (dunitos, peridotitos e piroxenitos)	Rochas básicas (basaltos, gabros, noritos e diabásios)	Rochas intermediárias (dioritos, andesitos)	Rochas ácidas (granitos, riolitos etc.)	Rochas sedimentares (arenitos, argilitos e folhelhos)	Composição dos solos
Se	-	-	-	-	6×10^{-5}	1×10^{-6}
Br	1×10^{-4}	3×10^{-4}	$4,5 \times 10^{-4}$	$1,7 \times 10^{-4}$	6×10^{-4}	10^{-4}
Rb	2×10^{-4}	$4,5 \times 10^{-3}$	7×10^{-3}	4×10^{-2}	4×10^{-2}	1×10^{-2}
Sr	$2,7 \times 10^{-3}$	$4,4 \times 10^{-2}$	8×10^{-2}	3×10^{-2}	$4,5 \times 10^{-2}$	3×10^{-2}
Y	$4,5 \times 10^{-4}$	$1,8 \times 10^{-3}$	3×10^{-3}	2×10^{-3}	$3,3 \times 10^{-3}$	5×10^{-3}
Zr	3×10^{-3}	1×10^{-2}	$2,6 \times 10^{-2}$	2×10^{-2}	2×10^{-2}	3×10^{-2}
Nb	$1,5 \times 10^{-3}$	2×10^{-3}	$3,5 \times 10^{-4}$	2×10^{-3}	2×10^{-3}	-
Mo	4×10^{-5}	$1,4 \times 10^{-4}$	9×10^{-5}	$1,9 \times 10^{-4}$	2×10^{-4}	2×10^{-4}
Ru	-	-	-	-	-	-
Rh	-	-	-	-	-	-
Pd	$1,5 \times 10^{-5}$	$3,5 \times 10^{-6}$	-	1×10^{-6}	-	-
Ag	3×10^{-5}	3×10^{-5}	-	$1,5 \times 10^{-5}$	9×10^{-5}	10^{-5}
Cd	-	$1,9 \times 10^{-5}$	-	1×10^{-5}	3×10^{-5}	5×10^{-5}
In	$1,3 \times 10^{-6}$	-	-	$1,2 \times 10^{-5}$	-	-
Sn	-	6×10^{-4}	-	$4,5 \times 10^{-3}$	3×10^{-3}	1×10^{-3}
Sb	1×10^{-5}	$1,5 \times 10^{-5}$	2×10^{-5}	4×10^{-5}	1×10^{-4}	-
Te	-	-	-	-	-	-
J	8×10^{-5}	5×10^{-5}	3×10^{-5}	4×10^{-5}	1×10^{-4}	5×10^{-4}
Cs	-	-	-	$1,9 \times 10^{-3}$	$1,2 \times 10^{-3}$	5×10^{-4}
Ba	$1,5 \times 10^{-3}$	$2,7 \times 10^{-2}$	$6,5 \times 10^{-2}$	$8,3 \times 10^{-2}$	8×10^{-2}	5×10^{-2}
La	-	$2,7 \times 10^{-3}$	4×10^{-3}	$4,6 \times 10^{-3}$	4×10^{-3}	4×10^{-3}
Ce	-	10^{-3}	3×10^{-3}	6×10^{-3}	3×10^{-3}	5×10^{-3}
Pr	-	$1,3 \times 10^{-4}$	-	1×10^{-3}	5×10^{-4}	-
Nd	-	1×10^{-3}	2×10^{-3}	4×10^{-3}	$1,8 \times 10^{-3}$	-
Pm	?	?	?	?	?	-
Sm	-	$1,5 \times 10^{-4}$	-	6×10^{-4}	5×10^{-4}	-
Eu	-	-	-	$1,7 \times 10^{-4}$	1×10^{-4}	-
Gd	-	2×10^{-4}	-	1×10^{-3}	5×10^{-4}	-
Tb	-	-	-	$2,5 \times 10^{-4}$	9×10^{-5}	-
Dy	-	$1,5 \times 10^{-4}$	-	5×10^{-4}	4×10^{-4}	-

Elemento	Rochas ultrabásicas (dunitos, peridotitos e piroxenitos)	Rochas básicas (basaltos, gabros, noritos e diabásios)	Rochas intermediárias (dioritos, andesitos)	Rochas ácidas (granitos, riolitos etc.)	Rochas sedimentares (arenitos, argilitos e folhelhos)	Composição dos solos
Ho	-	-		-	1×10^{-4}	-
Er	-	1×10^{-4}	-	$2,5 \times 10^{-4}$	$2,5 \times 10^{-4}$	-
Tu	-	-	-	2×10^{-4}	2×10^{-5}	-
Yb	-	1×10^{-4}	-	2×10^{-4}	$2,2 \times 10^{-4}$	-
Lu	-	-	-	2×10^{-4}	2×10^{-5}	-
Hf	6×10^{-5}	2×10^{-4}	5×10^{-4}	4×10^{-4}	4×10^{-4}	6×10^{-4}
Ta	$7,5 \times 10^{-5}$	1×10^{-4}	7×10^{-5}	$3,5 \times 10^{-4}$	$3,5 \times 10^{-4}$	-
W	-	1×10^{-3}	1×10^{-4}	-	-	-
Re	-	6×10^{-6}	-	6×10^{-7}	-	-
Os	-	-	-	-	-	-
Ir	-	-	-	-	-	-
Pt	-	-	-	-	-	-
Au	1×10^{-5}	$3,5 \times 10^{-6}$	-	1×10^{-6}	-	-
Hg	-	9×10^{-6}	-	4×10^{-6}	4×10^{-5}	1×10^{-6}
Tl	6×10^{-6}	2×10^{-5}	$1,5 \times 10^{-5}$	$2,5 \times 10^{-4}$	2×10^{-4}	-
Pb	-	8×10^{-4}	$1,5 \times 10^{-3}$	2×10^{-4}	2×10^{-3}	1×10^{-3}
Bi	-	-	-	2×10^{-4}	1×10^{-4}	-
Po	$2,2 \times 10^{-16}$	$5,9 \times 10^{-15}$	$1,3 \times 10^{-14}$	$2,6 \times 10^{-14}$	$2,4 \times 10^{-14}$	-
Rn	$6,5 \times 10^{-18}$	$1,7 \times 10^{-16}$	$3,9 \times 10^{-16}$	$7,6 \times 10^{-16}$	$6,9 \times 10^{-16}$	-
Ra	1×10^{-12}	$2,7 \times 10^{-11}$	6×10^{-11}	$1,2 \times 10^{-10}$	1×10^{-10}	8×10^{-11}
Ac	$6,4 \times 10^{-16}$	$1,7 \times 10^{-14}$	$3,8 \times 10^{-14}$	$7,4 \times 10^{-14}$	$6,8 \times 10^{-14}$	-
Th	6×10^{-4}	3×10^{-4}	7×10^{-4}	$1,8 \times 10^{-3}$	$1,1 \times 10^{-3}$	6×10^{-4}
Pa	1×10^{-12}	$2,7 \times 10^{-11}$	$6,2 \times 10^{-11}$	$1,2 \times 10^{-10}$	$1,1 \times 10^{-10}$	-
U	3×10^{-6}	8×10^{-5}	$1,8 \times 10^{-4}$	$3,5 \times 10^{-4}$	$3,2 \times 10^{-4}$	1×10^{-4}

Fonte: Vinogradov (1959, p. 183-184)

TAB. A.7 DADOS DE ABUNDÂNCIA DOS ELEMENTOS EM ROCHAS, SOLOS E VEGETAÇÃO (EXPRESSOS EM BASE DE PESO SECO)

Elemento	Dados de abundância (µg/g)			Toxicidade do elemento para as plantas
	Rochas	Solos	Plantas	
Sb	0,3	0,5	0,05	Moderada
As	2	5	0,20	Severa
Ba	600	500	15	Moderada
Be	4	6	0,14	Severa
Bi	0,2	0,8	0,04	Moderada
B	13	10	35	Leve
Cd	0,13	0,20	0,005	Moderada
Cs	10	5	10	Leve
Cr	100	150	0,05	Severa
Co	20	10	0,5	Severa
Cu	70	20	20	Severa
F	500	100	1	Moderada
Ga	15	15	0,5	Leve
Ge	2	5	0,2	Leve
Au	0,001	0,002	0,001	Leve
Hf	3	1	0,01	Leve
Fe	4,6	2,5	0,01	Leve
Pb	15	10	10	Severa
Li	50	30	0,1	Leve
Mn	1.000	850	100	Moderada
Hg	0,1	0,01	0,01	Severa
Mo	2	3	0,5	Moderada
Ni	100	40	1	Severa
Ni	20	15	0,01	Leve
Pd	0,01	0,01	0,001	Leve
Pt	0,01	0,01	0,001	Leve
Ra	1	1	0,01	Severa
Re	0,005	0,005	0,001	Leve
Re	0,005	0,005	0,001	Leve
Rb	280	80	2	Leve
Sc	22	10	1	Leve
Se	0,01	0,05	0,05	Moderada

Elemento	Dados de abundância (µg/g)			Toxicidade do elemento para as plantas
	Rochas	Solos	Plantas	
Ag	0,2	0,2	0,05	Severa
Sr	350	300	2	Leve
S	150	150	100	Leve
Ta	2	2	0,01	Leve
Tl	0,5	0,1	0,01	Severa
Th	13	13	0,05	Leve
Sn	10	10	0,05	Moderada
W	2	1	0,05	Moderada
U	3	1	0,05	Moderada
V	20	15	1	Leve
Y	20	15	1	Leve
Zn	80	80	50	Moderada

Fonte: extraído de Brooks (1983, p. 267-270).

TAB. A.8 CONTEÚDO DE VÁRIOS ELEMENTOS NA LITOSFERA E NOS SOLOS

Elemento	Peso atômico (g)	Conteúdo na litosfera (ppm)	Intervalo comum nos solos (ppm)	Média selecionada para solos	
				ppm	Concentração molar a 10% de umidade log M
Ag	107,87	0,07	0,01-5	0,05	-5,33
Al	26,98	81.000	10.000-300.000	71.000	1,42
As	74,92	5	1-50	5	-3,18
B	10,81	10	2-100	10	-2,03
Ba	137,34	430	100-3.000	430	-1,50
Be	9,01	2,8	0,1-40	6	-2,18
Br	79,91	2,5	1-10	5	-3,20
C	12,01	950		20.000	1,22
Ca	40,08	36.000	7.000-500.000	13.700	0,53
Cd	112,40	0,2	0,01-0,70	0,06	-5,27
Cl	35,45	500	20-900	100	-1,55
Co	58,93	40	1-40	8	-2,87
Cr	52,00	200	1-1.000	100	-1,72
Cs	132,91	3,2	0,3-25	6	-3,35

Cu	63,54	70	2-100	30	-2,33
F	19,00	625	10-4.000	200	-0,98
Fe	55,85	51.000	7.000-550.000	38.000	0,83
Ga	69,72	15	5-70	14	-2,70
Ge	72,59	7	1-50	1	-3,86
Hg	200,59	0,1	0,01-0,3	0,03	-5,83
I	126,90	0,3	0,1-40	5	-3,40
K	39,10	26.000	400-30.000	8.300	0,33
La	138,91	18	1-5.000	30	-2,67
Li	6,94	65	5-200	20	-1,54
Mg	24,31	21.000	600-6.000	5.000	0,31
Mn	54,94	900	20-3.000	600	-0,96
Mo	95,94	2,3	0,2-5	2	-3,68
N	14,01	-	200-4.000	1.400	0,00
Na	22,99	28.000	750-7.500	6.300	0,44
Ni	58,71	100	5-500	40	-2,17
O	16,00	465.000	-	490.000	2,49
P	30,97	1.200	200-5.000	600	-0,71
Pb	207,19	16	2-200	10	-3,32
Rb	85,47	280	50-500	10	-2,93
S	32,06	600	30-10.000	700	-0,66
Sc	44,96	5	5-50	7	-2,81
Se	78,96	0,09	0,1-2	0,3	-4,42
Si	28,09	276.000	230.000-350.000	320.000	2,06
Sn	118,69	40	2-200	10	-3,07
Sr	87,62	150	50-1.000	200	-1,64
Ti	47,90	6.000	1.000-10.000	4.000	-0,08
V	50,94	150	20-500	100	-1,71
Y	88,91		25-250	50	-2,25
Zn	65,37	80	10-300	50	-2,12
Zr	91,22	220	60-2.000	300	-1,48

Fonte: Lindsay (1979, p. 7-8).

TAB. A.9 CONTEÚDO DE METAIS TERROSOS RAROS EM ROCHAS E SOLOS (%)

Elemento	Média para granitos	Média para folhelhos	Média para solos
La	3×10^{-3}	$1,9 \times 10^{-3}$	$2,7 \times 10^{-3}$
Ce	5×10^{-3}	$4,6 \times 10^{-3}$	$5,3 \times 10^{-3}$
Pr	1×10^{-3}	$5,5 \times 10^{-4}$	$6,7 \times 10^{-4}$
Nd	3×10^{-3}	$2,3 \times 10^{-3}$	$2,5 \times 10^{-3}$
Sm	6×10^{-4}	$6,5 \times 10^{-4}$	$6,4 \times 10^{-4}$
Eu	$1,7 \times 10^{-4}$	1×10^{-4}	$7,6 \times 10^{-4}$
Gd	1×10^{-3}	$6,5 \times 10^{-4}$	$4,2 \times 10^{-4}$
Tb	$2,5 \times 10^{-4}$	9×10^{-5}	7×10^{-5}
Dy	5×10^{-4}	$4,5 \times 10^{-4}$	3×10^{-4}
Ho	1×10^{-4}	1×10^{-4}	7×10^{-5}
Er	$2,5 \times 10^{-4}$	$2,5 \times 10^{-4}$	8×10^{-5}
Tu	2×10^{-4}	2×10^{-5}	7×10^{-5}
Yb	2×10^{-4}	3×10^{-4}	8×10^{-5}
Lu	2×10^{-4}	7×10^{-5}	7×10^{-5}
Y	$1,5 \times 10^{-3}$	$2,8 \times 10^{-3}$	-

Fonte: Vinogradov (1959, p. 92).

TAB. A.10 TEORES DE ALGUNS ELEMENTOS CONSIDERADOS NORMAIS NO SOLO

Elementos	Teores considerados normais no solo (µg/g)
Cádmio	<1,0
Chumbo	até 50
Cobre	10-80
Cromo	muito variável
Mercúrio	0,01-0,5
Níquel	10-100
Zinco	10-100

Fonte: Faria (1987, p. 6).

TAB. A.11 TEORES DE ALGUNS ELEMENTOS MENORES NA CROSTA TERRESTRE E NOS SOLOS; TEORES MÉDIOS SUGERIDOS PARA OS SOLOS EM ppm

Elemento	Litosfera	Solos	Média sugerida para os solos
As	5	1-50	5
B	10	2-100	8
Ba	430	100-3.000	300
Co	40	1-40	10
Cr	200	5–1.000	20
Cu	70	2-100	20
Li	65	5-200	10
Mn	1.000	200-3.000	600
Mo	2	0,5-5	2
Ni	100	5-500	30
Se	-	0,1-10	1
V	150	20-500	100
Zn	80	10-300	80

Fonte: Pratt (1966).

Tab. A.12 Valores limites e orientadores para a indústria, agricultura, pecuária e órgãos de controle ambiental; valores normais em plantas e solos

Elementos prejudiciais	Valores limites e de orientação					Teores normais	
	Água potável (mg/L)	Cereais (mg/kg)	Batatas (mg/kg)	Lamas de filtro (mg/kg)	Solos (mg/kg)	Plantas (mg/kg)	Solos (mg/kg)
As	0,04	0,5	0,2	-	20	0,01-1	2-20
Pb	0,04	0,5	0,2	1.200	100	0,1-6	2-60
B	-	-	-	80-120	25	15-80	5-50
Cd	0,006	0,1	0,1	20	3	0,05-0,4	<0,5
Cr	0,05	-	-	1.200	100	0,1-1	5-100
Cu	-	-	-	1.200	100	3-30	4-40
Ni	-	-	-	200	0	0,1-3	5-50
Hg	0,004	0,03	0,02	25	2	0,002-0,04	<0,5
Se	0,008	-	-	-	10	0,05-1,5	0,05-1,5
Tl	-	-	-	-	1	0,01-0,5	<0,5
U	-	-	-	-	5	-	<0,5
Zn	2,0	-	-	3.000	300	10-100	10-80
F-	1,5	-	-	-	200	1-20	20-400

Observações:
1. Os valores para cereais e batatas foram obtidos em peso úmido; os demais valores, em peso seco;
2. Os solos em questão são os da ex-República Federal da Alemanha (RFA) (Bundesrepublik Deutschland – BRD);
3. Os valores para plantas foram obtidos nas folhas.
Fonte: extraído de Schaeffer e Schachtschabel (1984).

TAB. A.13 VARIAÇÃO COMPOSICIONAL DE ROCHAS, SOLOS E CINZAS DE PLANTAS DE VÁRIAS ÁREAS DOS ESTADOS UNIDOS (INTERVALO DE MÉDIAS)

Elemento	Rochas			Solos		Cinzas de plantas	
	Arenitos	Folhelhos	Carbonatos	Não cultivados	Cultivados	Plantas cultivadas	Espécies nativas
Al (%)	0,43-3,0	4,4-9,2	0,17-2,0	1,1-6,5	0,9-5,2	0,02-0,40	0,10-3,9
As (ppm)	1,1-4,3	6,4-9,0	0,74-2,5	6,7-13,0	5,5-12,0	Sem dados	Sem dados
Ba (ppm)	38-170	220-510	5,6-160	86-740	63-810	15-450	270-11.000
Be (ppm)	0,80	1,1-1,7	Sem dados	0,76-1,3	1,0-1,2	Sem dados	0,64-2,0
B (ppm)	18-36	43-110	29-31	18-63	21-41	37-540	140-600
Cd (ppm)	Sem dados	Sem dados	Sem dados	Sem dados	Sem dados	0,37-2,3	0,95-20
Ca (%)	0,09-0,22	0,13-1,1	Sem dados	0,07-1,7	0,08-0,66	0,29-20	13-35
C (%)							
Carbonato	0,01	0,06-0,16	Sem dados	0,046-0,055	0,0075	Sem dados	Sem dados
Orgânico	0,30-0,35	0,27-0,32	0,10-0,28	0,70-2,8	0,91-2,2	Sem dados	Sem dados
Ce (ppm)	Sem dados	Sem dados	Sem dados	50-110	120	Sem dados	350
Cr (ppm)	2,0-39	62-130	2,7-29	11-78	15-70	0,42-6,6	2,2-22
Co (ppm)	1,6-7,4	4,8-13	1,3-7,1	1,0-14	1,3-10	0,50-6,2	0,65-400
Cu (ppm)	1,2-8,4	13-130	0,84-12	8,7-33	9,9-39	21-230	50-270
F (ppm)	9,8-120	700	38-100	160-480	160-440	0,43-0,49	0,50-1,6
Ga (ppm)	1,5-10	15-30	2,2-10	1,9-29	1,5-20	Sem dados	1,5-2,8
I (ppm)	Sem dados	Sem dados	Sem dados	Sem dados	Sem dados	4,6-13	2,8-5,4
Fe (%)	0,09-1,9	1,8-4,5	0,11-2,1	0,47-4,3	1,4-2,8	0,06-0,27	0,08-0,91
La (ppm)	6-36	29-67	24	26-45	18-49	Sem dados	14-270
Pb (ppm)	5-17	11-24	4-18	2,6-25	2,6-27	7,1-87	24-480

	ROCHAS			SOLOS		CINZAS DE PLANTAS	
Elemento	Arenitos	Folhelhos	Carbonatos	Não cultivados	Cultivados	Plantas cultivadas	Espécies nativas
Li (ppm)	2,1-17	25-79	0,78-2,6	15-32	15-24	Sem dados	4,0-15
Mg (%)	0,09-0,21	0,61-1,6	Sem dados	0,03-0,84	0,03-0,38	1,5-13	1,6-10
Mn (ppm)	9-300	65-420	83-910	61-1.100	99-740	96-810	470-14.000
Hg (ppm)	7,9-16	45-340	22-30	45-160	30-69	Sem dados	Sem dados
Mo (ppm)	Sem dados	Sem dados	0,79	Sem dados	Sem dados	2,5-20	0,76-7,6
Nd (ppm)	Sem dados	Sem dados	Sem dados	9,2-61	63	Sem dados	Sem dados
Ni (ppm)	1,2-18	21-110	2,3-16	4,4-23	1,8-18	2,7-130	0,81-130
Nb (ppm)	8,8	7,7	Sem dados	5,8-19	6,6-16	Sem dados	Sem dados
P (%)	0,01-0,10	0,03-0,07	0,004-0,06	0,004-0,08	0,02-0,08	1,2-22	0,71-3,1
K (%)	0,08-0,66	1,8-5,4	0,12-0,56	0,07-2,6	0,04-1,7	18-41	2,9-23
Sc (ppm)	2,1-7,2	8,2-18	6,1-9,0	2,1-13	2,8-9,0	Sem dados	Sem dados
Se (ppm)	0,09-0,11	0,46-0,64	0,16-0,31	0,27-0,73	0,28-0,74	0,04-0,17	0,01-0,42
Ag (ppm)	Sem dados	0,18	Sem dados	Sem dados	Sem dados	Sem dados	Sem dados
Na (%)	0,01-0,19	0,09-0,50	0,01-0,17	0,02-0,62	0,45-0,79	0,0025-0,0039	0,02-0,31
Sr (ppm)	13-99	90-200	100-990	5,7-160	3,6-150	14-880	320-5.300
Ti (ppm)	83-2.200	2.300-5.700	31-810	1.700-6.600	1.700-4.000	4,7-250	69-1.200
V (ppm)	5,3-38	74-400	3,9-40	15-110	20-93	Sem dados	2,6-23
Yb (ppm)	1,9	2,3-3,8	Sem dados	1,8-28	1,5-3,8	Sem dados	1,1-1,8
Y (ppm)	9-22	25-38	8-20	17-39	15-32	Sem dados	2,1-47
Zn (ppm)	5,2-31	55-82	6,3-24	25-67	37-68	180-1.900	170-1.800
Zr (ppm)	22-170	95-230	6,5-42	120-460	140-360	Sem dados	2,4-85

Observações: os dados representam concentrações de fundo para regiões selecionadas dos Estados Unidos; são apresentados os valores médios inferiores e os valores médios superiores encontrados para as várias regiões. A existência de um só valor deve-se ao estudo em uma só área.
Fonte: Brownlow (1979, p. 294-295).

TAB. A.14 QUANTIDADES MÉDIAS DOS ELEMENTOS NAS ROCHAS DA CROSTA TERRESTRE EM G/T OU PPM. FORAM OMITIDOS OS GASES RAROS E OS ELEMENTOS RADIOATIVOS DE CURTA VIDA MÉDIA

Número atômico	Elemento	Média da crosta	Granito	Diabásio
1	H	1.400	400	600
3	Li	20	22	15
4	Be	2,8	3	0,8
5	B	10	1,7	15
6	C	200	200	100
7	N	20	59	52
8	O	466.000	485.000	449.000
9	F	625	700	250
11	Na	28.300	24.600	16.000
12	Mg	20.900	2.400	39.900
13	Al	81.300	74.300	79.400
14	Si	277.200	339.600	246.100
15	P	1.050	390	610
16	S	260	58	123
17	Cl	130	70	200
19	K	25.900	45.100	5.300
20	Ca	36.300	9.900	78.300
21	Sc	22	2,9	35
22	Ti	4.400	1.500	6.400
23	V	135	17	264
24	Cr	100	20	114
25	Mn	950	195	1.280
26	Fe	50.000	13.700	77.600
27	Co	25	2,4	47
28	Ni	75	1	76
29	Cu	55	13	110
30	Zn	70	45	86
31	Ga	15	20	16
32	Ge	1,5	1,1	1,4
33	As	1,8	0,5	1,9
34	Se	0,05	0,007	0,3
35	Br	2,5	0,4	0,4

Número atômico	Elemento	Média da crosta	Granito	Diabásio
37	Rb	90	220	21
38	Sr	375	250	190
39	Y	33	13	25
40	Zr	165	210	105
41	Nb	20	24	9,5
42	Mo	1,5	6,5	0,57
44	Ru	0,01	-	-
45	Rh	0,005	-	<0,001
46	Pd	0,01	0,002	0,025
47	Ag	0,07	0,05	0,08
48	Cd	0,2	0,03	0,15
49	In	0,1	0,02	0,07
50	Sn	2	3,5	3,2
51	Sb	0,2	0,31	1,0
52	Te	0,01	<1	<1
53	I	0,5	<0,03	<0,03
55	Cs	3	1,5	0,9
56	Ba	425	1.220	160
57	La	30	101	9,8
58	Ce	60	170	23
59	Pr	8,2	19	3,4
60	Nd	28	55	15
62	Sm	6,0	8,3	3,6
63	Eu	1,2	1,3	1,1
64	Gd	5,4	5	4
65	Tb	0,9	0,54	0,65
66	Dy	3,0	2,4	4
67	Ho	1,2	0,35	0,69
68	Er	2,8	1,2	2,4
69	Tm	0,5	0,15	0,30
70	Yb	3,4	1,1	2,1
71	Lu	0,5	0,19	0,35
72	Hf	3	5,2	2,7
73	Ta	2	1,5	0,50
74	W	1,5	0,4	0,5

Número atômico	Elemento	Média da crosta	Granito	Diabásio
75	Re	0,001	<0,002	<0,002
76	Os	0,005	0,00007	0,0003
77	Ir	0,001	0,00001	0,003
78	Pt	0,01	0,0019	0,0012
79	Au	0,004	0,004	0,004
80	Hg	0,08	0,1	0,2
81	Tl	0,5	1,2	0,11
82	Pb	13	48	7,8
83	Bi	0,2	0,07	0,05
90	Th	7,2	50	2,4
92	U	1,8	3,4	0,58

Fonte: Mason e Moore (1982, p. 46).

TAB. A.15 MÉDIA DAS ABUNDÂNCIAS DOS ELEMENTOS NA CROSTA TERRESTRE, EM TRÊS ROCHAS COMUNS E NA ÁGUA DO MAR (EM PPM)

Elemento	Crosta	Granito	Basalto	Folhelho	Água do mar
O	$46,4 \times 10^4$	-	-	-	857.000
Si	$28,2 \times 10^4$	$32,3 \times 10^4$	$24,0 \times 10^4$	$23,8 \times 10^4$	3,0
Al	$8,2 \times 10^4$	$7,7 \times 10^4$	$8,8 \times 10^4$	$8,0 \times 10^4$	0,01
Fe	$5,6 \times 10^4$	$2,7 \times 10^4$	$8,6 \times 10^4$	$4,7 \times 10^4$	0,01
Ca	$4,1 \times 10^4$	$1,6 \times 10^4$	$6,7 \times 10^4$	$2,5 \times 10^4$	400
Na	$2,4 \times 10^4$	$2,8 \times 10^4$	$1,9 \times 10^4$	$0,66 \times 10^4$	10.500
Mg	$2,3 \times 10^4$	$0,16 \times 10^4$	$4,5 \times 10^4$	$1,34 \times 10^4$	1.350
K	$2,1 \times 10^4$	$3,3 \times 10^4$	$0,83 \times 10^4$	$2,3 \times 10^4$	380
Ti	5.700	2.300	9.000	4.500	0,001
H	1.400	-	-	-	108.000
P	1.050	700	1.400	770	0,07
Mn	950	400	1.500	850	0,002
F	625	850	400	500	1,3
Ba	425	600	250	580	0,03
Sr	375	285	465	450	8,0
S	260	270	250	220	885
C	200	300	100	1.000	28
Zr	165	180	150	200	-
V	135	20	250	130	0,002

Elemento	Crosta	Granito	Basalto	Folhelho	Água do mar
Cl	130	200	60	160	19.000
Cr	100	4	200	100	0,00005
Rb	90	150	30	140	0,12
Ni	75	0,5	150	95	0,002
Zn	70	40	100	80	0,01
Ce	67	87	48	50	$5,2 \times 10^{-6}$
Cu	55	10	100	57	0,003
Y	33	40	25	30	0,0003
Nd	28	35	20	23	$9,2 \times 10^{-6}$
La	25	40	10	40	$1,2 \times 10^{-5}$
Co	25	1	48	20	0,0001
Sc	22	5	38	10	0,00004
Li	20	30	10	60	0,17
N	20	20	20	60	0,5
Nb	20	20	20	20	0,00001
Ga	15	18	12	19	0,00003
Pb	12,5	20	5	20	0,00003
B	10	15	5	100	4,6
Th	9,6	17	2,2	11	0,00005
Sm	7,3	9,4	5,3	6,5	$1,7 \times 10^{-6}$
Gd	7,3	9,4	5,3	6,5	$2,4 \times 10^{-6}$
Pr	6,5	8,3	4,6	5	$2,6 \times 10^{-6}$
Dy	5,2	6,7	3,8	4,5	$2,9 \times 10^{-6}$
Yb	3	3,8	2,1	3	$2,0 \times 10^{-6}$
Hf	3	4	2	6	-
Cs	3	5	1	5	0,0005
Be	2,8	5	0,5	3	6×10^{-7}
Er	2,8	3,8	2,1	2,5	$2,4 \times 10^{-6}$
U	2,7	4,8	0,6	3,2	0,003
Br	2,5	1,3	3,6	6	65
Sn	2	3	1	6	0,0008
As	1,8	1,5	2	6,6	0,003
Ge	1,5	1,5	1,5	2	0,00006
Mo	1,5	2	1	2	0,01
W	1,5	2	1	2	0,0001
Ho	1,5	1,9	1,1	1	$8,8 \times 10^{-7}$

Elemento	Crosta	Granito	Basalto	Folhelho	Água do mar
Eu	1,2	1,5	0,8	1	$4,6 \times 10^{-7}$
Tb	1,1	1,5	0,8	0,9	-
Lu	0,8	1,1	0,6	0,7	$4,8 \times 10^{-7}$
Tm	0,25	0,3	0,2	0,25	$5,2 \times 10^{-7}$
I	0,5	0,5	0,5	1	0,06
Tl	0,45	0,75	0,1	1	<0,00001
Cd	0,2	0,2	0,2	0,3	0,00011
Sb	0,2	0,2	0,2	1,5	0,0005
Bi	0,17	0,18	0,15	0,01	0,00002
In	0,1	0,1	0,1	0,05	<0,02
Hg	0,08	0,08	0,08	0,4	0,00003
Ag	0,07	0,04	0,1	0,1	0,00004
Se	0,05	0,05	0,05	0,6	0,0004

Nota: o termo "crosta" refere-se somente à crosta continental, considerada como sendo formada de partes aproximadamente iguais de basalto e granito.
Fonte: Krauskopf (1967, p. 640).

TAB. A.16 ABUNDÂNCIA DOS ELEMENTOS NAS PRINCIPAIS ROCHAS SEDIMENTARES E EM ROCHAS ÍGNEAS (EM PPM)

Elemento	Folhelhos	Arenitos	Carbonatos	Rochas ígneas
Li	66	15	5	20
Be	3	0,X	0,X	2,8
B	100	35	20	10
F	740	270	330	625
Na	9.600	3.300	400	28.300
Mg	15.000	7.000	47.000	20.900
Al	80.000	25.000	4.200	81.300
Si	273.000	368.000	24.000	277.200
P	700	170	400	1.050
S	2.400	240	1.200	260
Cl	180	10	150	130
K	26.600	10.700	2.700	25.900
Ca	22.100	39.100	302.300	36.300
Sc	13	1	1	22
Ti	4.600	1.500	400	4.400
V	130	20	20	135

Elemento	Folhelhos	Arenitos	Carbonatos	Rochas ígneas
Cr	90	35	11	100
Mn	850	X0	1.100	950
Fe	47.200	9.800	3.800	50.000
Co	19	0,3	0,1	25
Ni	68	2	20	75
Cu	45	X	4	55
Zn	95	16	20	70
Ga	19	12	4	15
Ge	1,6	0,8	0,2	1,5
As	13	1	1	1,8
Se	0,6	0,05	0,08	0,05
Br	4	1	6,2	2,5
Rb	140	60	3	90
Sr	300	20	610	375
Y	26	15	6,4	33
Zr	160	220	19	165
Nb	11	0,0X	0,3	20
Mo	2,6	0,2	0,4	1,5
Ag	0,07	0,0X	0,0X	0,07
Cd	0,3	0,0X	0,09	0,08
In	0,1	0,0X	0,0X	0,1
Sn	6,0	0,X	0,X	2
Sb	1,5	0,0X	0,2	0,2
I	2,2	1,7	1,2	0,5
Cs	5	0,X	0,X	3
Ba	580	X0	10	425
La	24	16	6,3	30
Ce	50	30	10	60
Pr	6,1	4,0	1,5	8,2
Nd	24	15	6,2	28
Sm	5,8	3,7	1,4	6,0
Eu	1,1	0,8	0,3	1,2
Gd	5,2	3,2	1,4	5,4
Tb	0,9	0,6	0,2	0,9
Dy	4,3	2,6	1,1	3,0

Elemento	Folhelhos	Arenitos	Carbonatos	Rochas ígneas
Ho	1,2	1,0	0,3	1,2
Er	2,7	1,6	0,7	2,8
Tm	0,5	0,3	0,1	0,5
Yb	2,2	1,2	0,7	3,4
Lu	0,6	0,4	0,2	0,5
Hf	2,8	3,9	0,3	3
Ta	0,8	0,0X	0,0X	2
W	1,8	1,6	0,6	1,5
Hg	0,4	0,3	0,2	0,15
Tl	1,0	0,5	0,2	0,8
Bi	0,4	0,17	0,2	0,1
Pb	20	7	9	13
Th	12	1,7	1,7	9,6
U	3,7	0,45	2,2	2,7

Nota: para alguns elementos, só a ordem de grandeza foi estimada; eles estão indicados pelo símbolo X.
Fonte: Mason e Moore (1982, p. 176).

TAB. A.17 CONSTITUINTES MAIORES DA CROSTA TERRESTRE, SEDIMENTOS, ÁGUA DO MAR E ATMOSFERA

Elemento	Raio e carga iônica cristalina		Crosta continental	Crosta oceânica	Média em sedimentos	Água do mar	Atmosfera
	Carga	r (Å)	(peso%) (vol%)	(peso%) (vol%)	(peso%) (vol%)	(peso%) (vol%)	(peso%) (mol% ou vol%)
O	-2	1,32	46,40 93,04	43,80 92,57	47,61 91,32	86,0 99,0 (H_2O)	23,15 20,95 (O_2)
Si	+4	0,42	28,15 1,04	24,00 0,93	24,40 0,86	-	-
Al	+3	0,51	8,23 0,56	8,76 0,63	6,03 0,40	-	-
Fe	+3	0,64	5,63 0,46	8,56 0,74	3,79 0,30	-	-
Fe	+2	0,74	-	-	-	-	-
Ca	+2	0,99	4,15 1,40	6,72 2,39	7,86 2,54	0,04 0,025	-

TAB. A.17 CONSTITUINTES MAIORES DA CROSTA TERRESTRE, SEDIMENTOS, ÁGUA DO MAR E ATMOSFERA (CONT.)

Elemento	Raio e carga iônica cristalina		Crosta continental	Crosta oceânica	Média em sedimentos	Água do mar	Atmosfera
	Carga	r (Å)	(peso%) (vol%)	(peso%) (vol%)	(peso%) (vol%)	(peso%) (vol%)	(peso%) (mol% ou vol%)
K	+1	1,33	2,09 1,75	0,83 0,73	2,00 1,61	0,04 0,062	-
Ti	+4	0,68	0,54 0,05	0,90 0,09	-	-	-
Mn	-	-	0,095	0.15	-	-	-
H	-	-	0,14	0,2	-	10,7 (ver O)	-
P	+5	0,35	0,105	0,14	0,16 0,003	-	-
S	+6	0,30	0,026	0,025	0,62 0,007	0,09 0,0002	-
C	+4	0,16	-	-	2,91 0,013	0,28 0,002	0,046 0,03 (CO_2)
Cl	-1	1,81	-	-	0,83 1,85	1,9 0,833	-
N	-	-	-	-	-	-	75,53 78,09 (N_2)
Ar	-	-	-	-	-	-	1,28 0,93 (Ar)

Fonte: Lerman (1979, p. 3).

TAB. A.18 ESTIMATIVAS PARA AS ABUNDÂNCIAS DOS ELEMENTOS NAS QUATRO PRINCIPAIS GEOSFERAS

Elemento	Abundância na litosfera superior (crosta terrestre) (% em peso)	Abundância na hidrosfera doce e marinha (% em peso)	Abundância na atmosfera (% em peso) (% em volume)	Abundância na biosfera (% em peso do material seco em forno)
O	456.000	889.000 857.000	755.100 -	780.000
Si	273.000	6,5 3	- 4,0	21.000
Al	83.600	0,24 0,01	- 3,0	510

Elemento	Abundância na litosfera superior (crosta terrestre) (% em peso)	Abundância na hidrosfera doce e marinha (% em peso)	Abundância na atmosfera (% em peso) (% em volume)	Abundância na biosfera (% em peso do material seco em forno)
Fe	62.200	0,67 0,01	- 3,0	1.100
Ca	46.600	15,00 400	- 2,0	51.000
Mg	27.640	4,1 1.350	- 1,0	4.100
Na	22.700	6,3 10.500	- 1,1	2.100
K	18.400	2,3 380	- -	31.000
Ti	6.320	0,009 0,001	- 0,01	81
H	1.520	111.000 108.000	0,035 300	105.000
P	1.120	0,005 0,07	- -	7.100
Mn	1.060	0,012 0,002	- 0,01	110
F	544	0,090 1,30	- 0,01	51
Ba	390	0,054 0,03	- -	310
Sr	384	0,080 8,10	- -	210
S	340	3,7 885,0	- 3,50	5.100
C	180	11,0 28,0	460 como CO_2, 164.000	180.000
Zr	162	0,003 0,00002	- -	-
V	136	0,001 0,002	- 0,001	-
Cl	126	7,8 19.000	- 1,2	2.100
Cr	122	0,0002 0,00005	- 0,002	-

Elemento	Abundância na litosfera superior (crosta terrestre) (% em peso)	Abundância na hidrosfera doce e marinha (% em peso)	Abundância na atmosfera (% em peso) (% em volume)	Abundância na biosfera (% em peso do material seco em forno)
Ni	99	0,01 0,005	- 0,002	5
Kb	78	0,002 0,12	- -	51
Zn	76	0,01 0,01	- 0,07	51
Ce	66	- 0,0004	- -	-
Nd	40	- -	- -	-
La	35	- 0,00001	- -	-
Y	31	- 0,0003	- -	1,1
Co	29	0,0009 0,0003	- 0,0007	2,1
Se	25	- 0,000004	- -	-
Nb	20	- 0,00001	- -	-
N	19	0,23 0,50	755.100 $9,73 \times 10^{10}$	31.000
Ga	19	0,001 0,00003	- -	-
Li	18	0,0011 0,18	- -	1,1
Pb	13	0,005 0,00003	- 0,2	5,1
Pr	9,1	- -	- -	-
B	9,0	0,013 4,6	- -	110
Th	8,1	0,00002 0,00005	- -	-
Sm	7,0	- -	- -	-

Elemento	Abundância na litosfera superior (crosta terrestre) (% em peso)	Abundância na hidrosfera doce e marinha (% em peso)	Abundância na atmosfera (% em peso) (% em volume)	Abundância na biosfera (% em peso do material seco em forno)
Gd	6,1	- -	- -	-
Hf	2,8	- 0,000008	- -	-
Br	2,5	0,2 65	- -	15
U	2,3	0,001 0,003	- -	-
Sn	2,1	0,0004 0,003	- 0,01	5,1
Be	2,0	<0,001 0,0000006	- 0,0001	-
As	1,8	0,0004 0,003	- 0,01	3,1
Ho	1.3	- -	- -	1,1
Hg	0,086	0,00008 0,00003	- -	-
Au	0,004	<0,00006 0,000011	- -	-

Fonte: Fortescue (1980, p. 56).

QUADRO A.5 ESTIMATIVAS GERAIS PARA CONTEÚDOS MÉDIOS DE ELEMENTOS QUÍMICOS E ÍONS EM ÁGUAS SUBTERRÂNEAS

Constituintes maiores (intervalo de concentração de 1,0 a 1.000 ppm)
Sódio, cálcio, magnésio, bicarbonato, sulfato, cloreto, sílica

Constituintes secundários (intervalo de concentração de 0,01 a 10,0 ppm)
Ferro, estrôncio, potássio, carbonato, nitrato, fluoreto, boro

Constituintes menores (intervalo de concentração de 0,00001 a 0,1 ppm)
Antimônio, alumínio, arsênio, bário, brometo, cádmio, cromo, cobalto, cobre, germânio, iodo, chumbo, lítio, manganês, molibdênio, níquel, fosfato, rubídio, selênio, titânio, urânio, vanádio, zinco

Constituintes-traço (intervalo de concentração geralmente menor do que 0,001 ppm)
Berílio, bismuto, cério, gálio, ouro, índio, lantânio, nióbio, platina, rádio, rutênio, escândio, prata, tálio, tório, estanho, itérbio, ítrio, zircônio

Fonte: Fortescue (1980, p. 59).

Tab. A.19 Faixa de concentração nos solos e nos vegetais de elementos inorgânicos que, por vezes, ocorrem como contaminadores do ambiente

Elemento	Faixa comum de concentração (ppm)	
	Solos	Vegetais
Arsênio	0,1-40	0,1-5
Boro	2-100	30-75
Cádmio	0,1-7	0,2-0,8
Cobre	2-100	4-15
Flúor	30-300	2-20
Chumbo	2-200	0,1-10
Manganês	100-4.000	15-100
Níquel	10-1.000	1
Zinco	10-300	15-200

Fonte: Brady (1983, p. 590).

Tab. A.20 O famoso "folhelho médio"

Elemento	Conteúdo médio em folhelhos (mg/kg)
Ag	0,07
Al	88.000
Ar	0,05-0,5
As	13
Au	0,0025
B	130
Ba	550
Be	3
Bi	0,48
Br	24
C	14.000
Ca	16.000
Cd	0,22
Ce	96
Cl	160
Co	19
Cr	90
Cs	5,5
Cu	39
Dy	5,8

Elemento	Conteúdo médio em folhelhos (mg/kg)
Er	4
Eu	1,2
F	800
Fe	48.000
Ga	23
Gd	6
Ge	2
H	5.600
He	0,004-0,007
Hf	2,8
Hg	0,18
Ho	1,8
I	19
In	0,057
K	24.500
Kr	0,0008
La	49
Li	76
Lu	0,8
Mg	16.000
Mn	850
Mo	2,6
N	600
Na	5.900
Nb	18
Nd	41
Ne	0,00008-0,0002
Ni	68
O	483.000
P	700
Pb	23
Pr	11
Pt	0,0001?
Ra	1,1 µ
Rb	160
S	2.400

Elemento	Conteúdo médio em folhelhos (mg/kg)
Sb	1,5
Sc	13
Se	0,5
Si	275.000
Sm	7
Sn	6
Sr	300
Ta	2
Tb	1
Te	<0,1
Th	12
Ti	4.600
Tl	1,2
Tm	0,6
U	3,7
V	130
W	1,9
Xe	0,0003-0,001
Y	41
Yb	3,9
Zn	120
Zr	160

Fonte: valores extraídos de Bowen (1979).

Tab. A.21 O "arenito médio"

Elemento	Conteúdo médio em arenitos (mg/kg)
Ag	0,25
Al	43.000
As	1
Au	0,003
B	30
Ba	320
Be	<1
Bi	0,18
Br	1
C	16.000

Elemento	Conteúdo médio em arenitos (mg/kg)
Ca	31.000
Cd	0,05
Ce	78
Cl	510
Co	0,3
Cr	35
Cs	0,5
Cu	30
Dy	6,9
Er	4,9
Eu	2?
F	180
Fe	29.000
Ga	6
Gd	7,1
Ge	1,2
H	1.800
Hf	3,9
Hg	0,29
Ho	2?
I	0,1
In	0,01
K	15.000
La	42
Li	38
Lu	0,8?
Mg	11.500
Mn	460
Mo	0,2
N	120
Na	10.400
Nb	0,05
Nd	38
Ni	9
O	492.000
P	440

Elemento	Conteúdo médio em arenitos (mg/kg)
Pb	10
Pr	11
Ra	0,7µ
Rb	150
S	2.300
Sb	0,05
Sc	1
Se	<0,01
Si	327.000
Sm	8,4
Sn	0,5
Sr	20
Ta	0,05
Tb	2?
Th	3,8
Ti	3.500
Tl	0,36
Tm	1?
U	0,45
V	20
W	1,6
Y	54
Yb	4,4
Zn	30
Zr	220

Fonte: valores extraídos de Bowen (1979).

TAB. A.22 ANEXO F (NORMATIVO) DA NBR 10004/2004: CONCENTRAÇÃO – LIMITE MÁXIMO NO EXTRATO OBTIDO NO TESTE DE LIXIVIAÇÃO

Poluente	Código de identificação	Limite máximo no lixiviado (mg/L)	CAS (Chemical Abstract Substance)
Inorgânicos			
Arsênio	D005	1,0	7440-38-2
Bário	D006	70,0	7440-39-3
Cádmio	D007	0,5	7440-43-9
Chumbo	D008	1,0	7439-92-1
Cromo total	D009	5,0	7440-47-3

Poluente	Código de identificação	Limite máximo no lixiviado (mg/L)	CAS (Chemical Abstract Substance)
Inorgânicos			
Fluoreto	D010	150,0**	
Mercúrio	D011	0,1	7439-97-6
Prata	D012	5,0*	7440-22-4
Selênio	D013	1,0	7782-49-2
Pesticidas			
Aldrin + dieldrin	D014	0,003**	309-00-2; 60-57-1
Clordano (todos os isômeros)	D015	0,02	57-74-9
DDT (p,p' DDT = p, p' DDD + p, p'DDE)	D016	0,2	50-29-3
2,4-D	D026	3,0	94-75-7
Endrin	D018	0,06	72-20-8
Heptacloro e seus epóxidos	D019	0,003	76-44-8
Lindano	D022	0,2	58-89-9
Metoxicloro	D023	2,0	72-43-5
Pentaclorofenol	D024	0,9	87-86-5
Toxafeno	D025	0,5*	8001-35-2
2,4,5-T	D027	0,2**	93-76-5
2,4,5-TP	D028	1,0*	93-72-1
Outros orgânicos			
Benzeno	D030	0,5*	71-43-2
Benzo(a)pireno	D031	0,07	50-32-8
Cloreto de vinila	D032	0,5	75-01-4
Clorobenzeno	D033	100*	108-90-70
Clorofórmio	D034	6,0*	67-66-3
Cresol total***	D035	200,0*	
o-Cresol	D036	200,0*	95-48-7
m-Cresol	D037	200,0*	108-39-4
p-Cresol	D038	200,0*	106-44-5
1,4-Diclorobenzeno	D039	7,5*	106-46-7
1,2-Dicloroetano	D040	1,0	107-06-2
1,1-Dicloroetileno	D041	3,0	75-35-4
2,4-Dinitrotolueno	D042	0,13*	121-14-2
Hexaclorobenzeno	D021	0,1	118-74-1

Poluente	Código de identificação	Limite máximo no lixiviado (mg/L)	CAS (Chemical Abstract Substance)
Outros orgânicos			
Hexaclorobutadieno	D043	0,5*	87-68-3
Hexacloroetano	D044	3,0*	67-72-1
Metiletilcetona	D045	200,0*	78-93-3
Nitrobenzeno	D046	2,0*	98-95-3
Piridina	D047	5,0*	110-86-1
Tetracloreto de carbono	D048	0,2	56-23-5
Tetracloroetileno	D049	4,0	127-18-4
Tricloroetileno	D050	7,0	79-01-6
2,4,5-Triclorofenol	D051	400,0*	95-95-4
2,4,6-Triclorofenol	D052	20,0	88-06-2

* *Parâmetros e limites máximos no lixiviado extraídos da Usepa - Environmental Protection Agency 40 CFR - Part 261 - 24 - "Toxicity Characteristics".*
** *Parâmetro e limite máximo no lixiviado mantido, extraído da versão anterior da NBR 10004:1987.*
*** *O parâmetro Cresol total somente deve ser utilizado nos casos em que não for possível identificar separadamente cada um dos isômeros.*
Nota: os demais poluentes e limites máximos no lixiviado deste anexo foram baseados na Portaria n° 1469/2000 do MS, multiplicados pelo fator 100.

Tab. A.23 Anexo G (normativo) da NBR 10004/2004: Padrões para o ensaio de solubilização

Parâmetro	Limite máximo no extrato (mg/L)
Aldrin e dieldrin	$3,0 \times 10^{-5}$
Alumínio	0,2
Arsênio	0,01
Bário	0,7
Cádmio	0,005
Chumbo	0,01
Cianeto	0,07
Clordano (todos os isômeros)	$2,0 \times 10^{-4}$
Cloreto	250,0
Cobre	2,0
Cromo Total	0,05
2,4-D	0,03
DDT (todos os isômeros)	$2,0 \times 10^{-3}$

Parâmetro	Limite máximo no extrato (mg/L)
Endrin	$2,0 \times 10^{-4}$
Fenóis totais	0,01
Ferro	0,3
Fluoreto	1,5
Heptacloro e seu epóxido	$3,0 \times 10^{-5}$
Hexaclorobenzeno	$1,0 \times 10^{-3}$
Lindano (y-BHC)	$2,0 \times 10^{-3}$
Manganês	0,1
Mercúrio	0,001
Metoxicloro	0,02
Nitrato (expresso em N)	10,0
Prata	0,05
Selênio	0,01
Sódio	200,0
Sulfato (expresso em SO_4)	250,0
Surfactantes	0,5
Toxafeno	$5,0 \times 10^{-3}$
2,4,5-T	$2,0 \times 10^{-3}$
2,4,5-TP	0,03
Zinco	5,0

A.4 Unidades de medida e tabelas de conversão

TAB. A.24 Múltiplos e submúltiplos decimais

Prefixos	Símbolos	Fator pelo qual a unidade é multiplicada
exa	E	10^{18}
peta	P	10^{15}
tera	T	$1.000.000.000.000 = 10^{12}$
giga	G	$1.000.000.000 = 10^9$
mega	M	$1.000.000 = 10^6$
quilo	k	$1.000 = 10^3$
hecto	h	$100 = 10^2$
deca	da	10
deci	d	$0,1 = 10^{-1}$

Prefixos	Símbolos	Fator pelo qual a unidade é multiplicada
centi	c	$0{,}01 = 10^{-2}$
mili	m	$0{,}001 = 10^{-3}$
micro	µ	$0{,}000001 = 10^{-6}$
nano	n	$0{,}000000001 = 10^{-9}$
pico	p	$0{,}000000000001 = 10^{-12}$
femto	f	10^{-15}
atto	a	10^{-18}

TAB. A.25 CONVERSÃO DE MEDIDAS DE COMPRIMENTO

1 angström	0,1 nanômetro
1 mm	0,03937 polegada
1 cm	0,39370 polegada
1 m	39,37008 polegadas
1 m	3,2808 pés
1 m	1,0936 jardas
1 km	0,6214 milha = 3.280 pés
1 polegada	25,4 mm
1 polegada	2,54 cm
1 pé	304,8 mm
1 pé	0,3048 m
1 jarda	0,9144 m
1 milha	1,609 km
1 milha náutica	1,852 km

TAB. A.26 CONVERSÃO DE MEDIDAS DE ÁREA

1 milímetro quadrado	0,00155 polegada quadrada
1 centímetro quadrado	0,155 polegada quadrada
1 metro quadrado	10,764 pés quadrados
1 metro quadrado	1,196 jardas quadradas
1 quilômetro quadrado	0,3861 milha quadrada
1 polegada quadrada	645,2 milímetros quadrados
1 polegada quadrada	6,452 centímetros quadrados
1 pé quadrado	929 centímetros quadrados
1 pé quadrado	0,0929 metro quadrado

1 jarda quadrada	0,836 metro quadrado
1 milha quadrada	2,5899 quilômetros quadrados

TAB. A.27 CONVERSÃO DE MEDIDAS DE VOLUME (SÓLIDOS)

1 cm³	0,061 polegada cúbica
1 litro	0,0353 pé cúbico
1 litro	61.023 polegadas cúbicas
1 m³	35.315 pés cúbicos
1 m³	1.308 jardas cúbicas
1 polegada cúbica	16,38706 cm³
1 pé cúbico	0,02832 m³
1 pé cúbico	28,317 litros
1 jarda cúbica	0,7646 m³

TAB. A.28 CONVERSÃO DE MEDIDAS DE VOLUME (LÍQUIDOS)

1 litro	1,0567 quartos
1 litro	0,2642 galão
1 litro	0,2200 galão imperial
1 m³	264,2 galões
1 m³	219,969 galões imperiais
1 quarto	0,946 litro
1 quarto imperial	1,136 litros
1 galão	3,785 litros
1 galão imperial	4,546 litros

TAB. A.29 CONVERSÃO DE MEDIDAS DE MASSA

1 g	15.432 grãos
1 g	0,03215 onça troy
1 g	0,03527 onça avoirdupois
1 kg	35,274 onças avoirdupois
1 kg	2,2046 libras
1.000 kg	1 tonelada métrica
1.000 kg	1,1023 toneladas de 2.000 libras
1.000 kg	0,9842 toneladas de 2.240 libras
1 onça avoirdupois	28,35 g
1 onça troy	31.103 grãos

1 libra	453,6 gramas = 14,6 onças
1 libra	0,4536 kg
1 tonelada de 2.240 libras	1.016 kg
1 tonelada de 2.240 libras	1.016 toneladas métricas
1 grão	0,0648 g
1 tonelada métrica	0,9842 tonelada de 2.240 libras
1 tonelada métrica	2.204,6 libras

TAB. A.30 CONVERSÃO DE UNIDADES DE PRESSÃO

1 ATM ≅ kg/cm² ≅ 101,3 kPa
PSI x 0,0703 = kg/cm²
kg/cm²/0,0703 = PSI
ou
kg/cm² x 14.223 = PSI
1 kbar = 10^5 kPa

TAB. A.31 PESOS E MEDIDAS BRASILEIRAS

1 onça	28,35 g
1 arroba	14,7 kg
1 braça	2,2 m
1 légua (3.000 braças)	6,6 kg
1 alqueire paulista (5.000 braças quadradas)	24.200 m²
1 alqueire mineiro (10.000 braças quadradas)	48.400 m²
1 alqueire do norte	27.224 m²
1 barril	158,984 litros
1 are	1 decâmetro quadrado = 100 m²
1 acre	40,47 ares
1 hectare	1 hectômetro quadrado = 10.000 m²
1 "quadra sesmaria"	50 "quadras quadradas" (q.q.)
1 quadra	132 m
1 "quadra quadrada"	17.424 m² = 1,74 ha

TAB. A.32 CONVERSÃO DE UNIDADES DE ENERGIA

1 erg	0,1 µJ
1 cal	4,1868 J
1 Q	10^5 BTU
1 BTU	0,9479 kJ
1 kcal	0,238846 kJ

1 kWh	0,00027 kJ
1 tP	$2,388 \times 10^{-8}$ kJ
1 kJ	1,055 BTU
1 kcal	0,252 BTU
1 kWh	$2,91 \times 10^{-4}$ BTU
1 tP	$2,5197 \times 10^{-8}$ BTU
1 kJ	4,1868 kcal
1 BTU	3,97 kcal
1 kWh	0,00116 kcal
1 tP	$1,0 \times 10^{-7}$ kcal
1 kJ	3.600 kWh
1 kcal	860 KWh
1 BTU	3.400 kWh
1 tP (no uso)	0,086 kWh
1 tP (na produção)	0,235 kWh

TAB. A.33 CONVERSÃO DE UNIDADES DE TEMPERATURA

°F (Fahrenheit) = 1,8 °C + 32

$$°C \text{ (Celsius)} = \frac{(°F - 32).5}{9}$$

°C (Celsius) = °T − 273,15

Referências

ABNT - ASSOCIAÇÃO BRASILEIRA DE NORMAS TÉCNICAS. *NBR 8291*: Amostragem de carvão mineral bruto e/ou beneficiado. Rio de Janeiro, 1983. 30 p., il.

ABNT - ASSOCIAÇÃO BRASILEIRA DE NORMAS TÉCNICAS. *NBR 10004*: Resíduos sólidos - Classificação. Rio de Janeiro, 2004. 71 p.

ABNT - ASSOCIAÇÃO BRASILEIRA DE NORMAS TÉCNICAS. *NBR 10005*: Procedimento para obtenção de extrato lixiviado de resíduos sólidos. Rio de Janeiro, 2004. 16 p.

ABNT - ASSOCIAÇÃO BRASILEIRA DE NORMAS TÉCNICAS. *NBR 10006*: Procedimento para obtenção de extrato solubilizado de resíduos sólidos. Rio de Janeiro, 2004. 3 p.

ABNT - ASSOCIAÇÃO BRASILEIRA DE NORMAS TÉCNICAS. *NBR 10007*: Amostragem de resíduos sólidos. Rio de Janeiro, 2004. 21 p.

ABNT - ASSOCIAÇÃO BRASILEIRA DE NORMAS TÉCNICAS. *NBR ISO 14001*: Sistemas de gestão ambiental – Requisitos com orientações para uso. Rio de Janeiro, 2004. 27 p.

ABNT - ASSOCIAÇÃO BRASILEIRA DE NORMAS TÉCNICAS. *NBR ISO 14004*: Sistemas de gestão ambiental - Diretrizes gerais sobre princípios, sistemas e técnicas de apoio. Rio de Janeiro, 2010. 45 p.

ABNT - ASSOCIAÇÃO BRASILEIRA DE NORMAS TÉCNICAS. *NBR ISO 19011*: Diretrizes para auditoria de sistemas de gestão. Rio de Janeiro, 2010. 53 p.

ALBARÈDE, F. *Introduction to geochemichal modeling*. Cambridge: Cambridge University Press, 1995. 543 p., il.

ALLÈGRE, C. *Introdução a uma História Natural* - do Big Bang ao desaparecimento do homem. Tradução de Telma Costa. Lisboa: Teorema, 1994. 259 p.

ALLÈGRE, C. J.; SCHNEIDER, S. H. La evolución de la Tierra. *Investigación y Ciencia*, Barcelona, n. 219, p. 36-45, diciembre 1994.

ALLEN, S. E. et al. *Chemical analysis of ecological materials*. Oxford: Blackwell Scientific Publication, 1974. p. 305-374.

ARNAL, G. La végétation dans les études d'environnement et d'impact: réflexions méthodologiques. *Bulletin de Liaison des Laboratoires des Ponts et Chaussées*, Paris, n. 112, p. 175-179, mars/avr. 1981.

ASTM - AMERICAN SOCIETY FOR TESTING AND MATERIALS. *E300-03* (reapproved 2009): Standard practice for sampling industrial chemicals. Concohshohocken, 2009. 24 p.

ASTM - AMERICAN SOCIETY FOR TESTING AND MATERIALS. *D2234-10*: Standard practice methods for collection of a gross sample of coal. Concohshohocken, 2010. 5 p.

ASTM - AMERICAN SOCIETY FOR TESTING AND MATERIALS. *C311-11b*: Standard test methods for sampling and testing fly ash or natural pozzolans for use as a mineral admixture in Portland-cement concrete. Concohshohocken, 2011b. 10 p.

AUBERT, J. Impact hydrogéologique de l'extension de la gravière de Congis. *Bulletin de Liaison des Laboratoires des Ponts et Chaussées*, Paris, n. 112, p. 131-138, mars/avr. 1981.

BEANLANDS, G. E.; DUINKER, P. N. *An ecological framework for environmental impact assessment in Canada*. Halifax: Dalhousie University, 1983. 132 p., il.

BERTINE, K. K.; GOLDBERG, E. D. Fossil fuel combustion and the major sedimentary cycle. *Science*, Washington D.C., v. 173, n. 3993, p. 233-235, 16 July 1971.

BOLEA, M. T. E. *Las evaluaciones de impacto ambiental*. Madrid: CIFCA, 1980. 100 p., il.

BOWEN, H. J. M. *Environmental chemistry of the elements*. London: Academic Press, 1979. 273 p.

BRADY, N. C. *Natureza e propriedade dos solos*. 6. ed. Rio de Janeiro: Freitas Bastos, 1983. 647 p., il.

BROOKS, R. R. *Biological methods of prospecting for minerals*. New York: John Wiley & Sons, 1983. 322 p., il.

BROWN, I. F. Environmental geochemistry in tropical countries: for whom, by whom? In: INTERNATIONAL SYMPOSIUM PERSPECTIVES FOR ENVIRONMENTAL GEOCHEMISTRY IN TROPICAL COUNTRIES, 1993, Niterói, RJ. *Proceedings...* [S.l.: s.n.], 1993. p. 281-282.

BROWNLOW, A. H. *Geochemistry*. Englewood Cliffs: Prentice-Hall, 1979. 498 p., il.

BUTCHER, S. S. et al. (Eds.). *Global biogeochemical cycles*. London: Academic Press, 1994. 379 p., il.

CARVALHO, C. N. Geoquímica ambiental - conceitos, métodos e aplicações. *Geochimica Brasiliensis*, Rio de Janeiro, v. 3, n. 1, p. 17-22, 1989.

CARVALHO, E. T. Contribuição para a fixação de princípios e critérios da "geologia da reabilitação"; aplicações a RMBH. In: SIMPÓSIO SITUAÇÃO AMBIENTAL E QUALIDADE DE VIDA NA REGIÃO METROPOLITANA DE BELO HORIZONTE E MINAS GERAIS, 2., Belo Horizonte, 27-29 out. 1992. *Anais...* Belo Horizonte: ABGE, 1992. p. 34-36.

CHADWICK, M. J.; HIGHTON, N. H.; LINDMAN, N. *Environmental impacts of coal mining and utilization*. Oxford: Pergamon, 1987. 283 p., il.

CHEMEKOV, Y. F. Technogenic deposits. *XI INQUA Congress*, Moscow, 1982. p. 62.

CLARK, W. C. Managing Planet Earth. *Scientific American*, New York, v. 261, n. 3, p. 19-26, Sept. 1989.

COSTANZA, R. et al. The value of the world's ecosystem services and natural capital. *Nature*, London, v. 387, n. 6630, p. 253-260, May 15, 1997.

DAMS and the environment. *Bulletin*, n. 35. Paris: Commission Internationale des Grands Barrages, 1982. 80 p. (Texto bilíngue Inglês-Francês).

DE DUVE, C. *Poeira vital*: a vida como imperativo cósmico. Rio de Janeiro: Campus, 1997. 471 p., il.

ELDER, J. F. *Metal biogeochemistry in surface-water systems*: a review of principles and concepts. U.S. Geological Survey Circular 1013. Denver: U.S. Geological Survey, 1988. 43 p., il.

FARIA, C. M. *Teores de metais pesados em composto orgânico de lixo domiciliar de Porto Alegre - RS*. Porto Alegre: DMAE, 1987. 6 p., il.

FORTESCUE, J. A. C. *Environmental geochemistry*: a holistic approach. New York: Springer, 1980. 347 p., il. (Ecological Studies, v. 35).

FYFE, W. S. The environmental crisis: quantifying geosphere interactions. *Science*, Washington D.C., v. 213, n. 4503, p. 105-110, 1981.

GALLOWAY, J. N. et al. Trace metals in atmospheric deposition: a review and assessment. *Atmospheric Environment*, Oxford, v. 16, n. 7, p. 1677-1700, 1982.

GERASIMOV, I. P. Anthropogene and its major problem. *Boreas*, Oslo, v. 8, p. 23-30, 1979.

GIASSON, E.; KÄMPF, N.; SCHNEIDER, P. Caracterização físico-hídrica de solos construídos após mineração de carvão no Rio Grande do Sul. *Anais do Congresso Brasileiro de Ciência do Solo*, Viçosa, p. 156-157, 1995.

GILBERT, R. O. *Statistical methods for environmental pollution monitoring*. New York: Van Nostrand, 1987. 320 p., il.

GOUGH, L. P. *Understanding our fragile environment*: lessons from geochemical studies. U.S. Geological Survey Circular 1105. Denver: U.S. Geological Survey, 1993. 34 p., il.

HAMILTON, W. R.; WOOLLEY, A. R.; BISHOP, A. C. *The Hamlyn guide to minerals, rocks and fossils*. London: Hamlyn, 1974. 320 p., il.

HOLLICK, M. The role of quantitative decision-making methods in Environmental impact assessment. *Journal of Environmental Management*, London, v. 12, p. 65-78, 1981.

IBRAM - INSTITUTO BRASILEIRO DE MINERAÇÃO. *Comissão técnica de meio ambiente*. Mineração e meio ambiente; impactos previsíveis e formas de controle. Belo Horizonte: IBRAM, 1985. 64 p., il.

JÄCKLI, H. Die Beziehungen zwischen Mensch und Geologie. *Wasser und Energiewirtschaft*, Zürich, n. 8-10, p. 1-4, 1962.

JÄCKLI, H. *Elemente einer Anthropogeologie*. Basel: Birkhäuser, 1972. 19 p., il. (Separata de *Eclogae Geologicae Helvetiae*, v. 65, n. 1).

JÄCKLI, H. Die zeitliche Voraussage geologischer Vorgänge. *Neue Züricher Zeitung*, Zürich, n. 244, p. 1-8, 20 Oktober 1982.

JÄCKLI, H. *Zeitmaßstäbe der Erdgeschichte*; Geologisches Geschehen in unserer Zeit. Basel: Birkhäuser, 1985. 151 p., il.

JAIN, R. K.; URBAN, L. V.; STACEY, G. S. *Environmental impact analysis*: a new dimension in decision making. New York: Van Nostrand Reinhold, 1977. 330 p., il.

JOHNSON, J. Controversial EPA mercury study endorsed by science panel. *Environmental Science & Technology*, v. 31, n. 5, p. 218A-219A, 1997.

KÄMPF, N.; SCHNEIDER, P.; GIASSON, E. Propriedades, pedogênese e classificação de solos construídos em áreas de mineração na bacia carbonífera do baixo Jacuí (RS). *Revista Brasileira de Ciência do Solo*, Campinas, n. 21, p. 79-88, 1997.

KELLOG, W. W. et al. The Sulfur Cycle. *Science*, Washington D.C., v. 175, n. 4022, p. 587-596, February 11, 1972.

KRAUSKOPF, K. B. *Introduction to geochemistry*. New York: McGraw-Hill, 1967. 721 p., il.

KUHN, T. S. *A estrutura das revoluções científicas*. Tradução de Beatriz Vianna Boeira e Nelson Boeira. São Paulo: Perspectiva, 1975. 262 p.

LANDIM, P. M. B. *Análise estatística de dados geológicos*. São Paulo: Unesp, 1998. 227 p., il.

LEINZ, V.; LEONARDOS, O. H. *Glossário geológico*. 2. ed. São Paulo: Companhia Editora Nacional, 1977. 239 p., il.

LEOPOLD, L. B. et al. *A procedure for evaluating environmental impact*. U.S. Geological Survey Circular 645. Washington: U.S. Geological Survey, 1971. 13 p., il. + 1 matriz 72,5 x 78,5 cm dobrada em bolso.

LERMAN, A. *Geochemical processes*: water and sediment environments. New York: John Wiley & Sons, 1979. 481 p., il.

LEVINSON, A. A. *Introduction to exploration geochemistry*. Wilmette: Applied Publishing, 1974. 614 p., il.

LINDSAY, W. L. *Chemical equilibria in soils*. New York: John Willey & Sons, 1979. XIX + 449 p., il.

LORAIN, J. M. Prise en compte de l'archéologie dans les études d'impact d'ouverture de carrières. *Bulletin de Liaison des Laboratoires des Ponts et Chaussées*, Paris, n. 147, p. 5-15, janv.-févr. 1987.

MACHADO, P. A. L. *Direito ambiental brasileiro*. 3. ed. São Paulo: Revista dos Tribunais, 1991. 595 p.

MARCUS, L. G. *A methodology for post-EIS (Environmental Impact Statement) monitoring*. U.S. Geological Survey Circular 782. Reston: U.S. Geological Survey, 1979. 39 p., il. + 2 figuras dobradas em bolso.

MASON, B.; MOORE, C. B. *Principles of geochemistry*. 4. ed. New York: John Wiley & Sons, 1982. 344 p., il.

MASON, R. P.; FITZGERALD, W. F.; MOREL, M. M. F. The biogeochemical cycling of elemental mercury: anthropogenic influences. *Geochimica et Cosmochimica Acta*, New York, v. 58, n. 15, p. 3191-3198, 1994.

MERICO, L. F. K. *Introdução à economia ecológica*. Blumenau: Editora da Furb, 1996. 160 p., il.

MEYBECK, M.; HELMER, R. The quality of rivers: from pristine stage to global pollution. *Palaeogeography, Palaeoecology and Planetary Change*, v. 75, p. 283-290, 1989.

MILARÉ, E.; BENJAMIN, A. H. V. *Estudo prévio de impacto ambiental*: teoria, prática e legislação. São Paulo: Revista dos Tribunais, 1993. 245 p.

MINISTÉRIO DA SAÚDE. Portaria n° 36/MS/GM, de 19 de janeiro de 1990. 10 p.

MOREIRA-NORDEMANN, L. M. A geoquímica e o meio ambiente. *Geochimica Brasiliensis*, São José dos Campos, v. 1 , n. 1, p. 89-107, 1987.

NRIAGU, J. O.; PACYNA, J. M. Quantitative assessment of worldwide contamination of air, water and soils by trace metals. *Nature*, London, v. 333, p. 134-139, May 1988.

OBERBECK, V. R. Impacts & global change. *Geotimes*, Alexandria, v. 38, n. 9, p. 16-18, Sept. 1993.

ODUM, E. P.; FINN, J. T.; FRANZ, E. H. Perturbation theory and the subsidy-stress gradient. *Bioscience*, Washington, v. 29, n. 6, p. 349-352, June 1979.

ODUM, H. T. *Qualidade da energia e capacidade condutora da Terra*. Porto Alegre: Assembléia Legislativa do Estado, out. 1977. 14 p., il.

ODUM, H. T. *Ambiente, energía y sociedad*. Barcelona: Blume, 1980. 409 p., il.

ODUM, H. T. *Systems ecology*: an introduction. New York: John Wiley & Sons, 1983. 644 p., il.

ODUM, H. T.; ODUM, E. C. *Energy basis for Man and Nature*. 2. ed. New York: McGraw-Hill, 1981. 337 p., il.

OLIVEIRA, A. M. S. Depósitos tectogênicos associados a erosão atual. In: CONGRESSO BRASILEIRO DE GEOLOGIA DE ENGENHARIA, 6., 4-6 novembro 1990. *Anais...* São Paulo: ABGE/ABMS, 1990. p. 411-416.

OMS - ORGANIZAÇÃO MUNDIAL DA SAÚDE. 1981.

PAINTER, S. et al. Reconnaissance geochemistry and its environmental relevance. *Journal of Geochemical Exploration*, Amsterdam, v. 51, p. 213-246, 1994.

PARISI, V. *Biología y ecología del suelo*. Barcelona: Blume, 1979. 169 p., il.

PASSERINI, P. The ascent of Anthropostrome: a point of view on the man-made environment. *Environmental Geology and Water Science*, New York, v. 6., n. 4, p. 211-221, 1984.

PERAZZA, M. C. D. et al. Estudo analítico de metodologias de avaliação de impacto ambiental. In: CONGRESSO BRASILEIRO DE ENGENHARIA SANITÁRIA E AMBIENTAL, 13., Maceió, 18-23 ago. 1985. São Paulo: Cetesb, 1985. p. 1-12.

PEREIRA, N. T. L. Avaliação sobre o desempenho de barragens de rejeitos. In: BATALHA, B. L. *Curso de controle da poluição na mineração*: alguns aspectos. Brasília: DNPM, 1986. v. 2, p. 291-323.

PESTANA, M. H. D. *Partição geoquímica de metais pesados em sedimentos estuarinos nas baías de Sepetiba e da Ribeira, RJ*. Niterói: Universidade Federal Fluminense, 1989. 211 p., il. (Tese de Mestrado apresentada ao Programa de Geoquímica do Instituto de Química da Universidade Federal Fluminense).

PHILOMENA, A. L. Shrimp Fishery: Energy modelling as a tool for management. *Ecological Modelling*, Amsterdam, v. 52, p. 61-71, 1990.

PRATT, P. F. Aluminum. In: CHAPMAN, H. D. *Diagnostic criteria for plants and soils*. Los Angeles: University of California, 1966. p. 3-12.

ROHDE, G. M. *Estudos de impacto ambiental*. Porto Alegre: Cientec, 1988. 42 p. (Boletim técnico n° 04).

ROHDE, G. M. *Epistemologia ambiental*: uma abordagem filosófico-científica sobre a efetuação humana alopoiética. Porto Alegre: EDIPUCRS, 1996. 234 p.

ROSE, A. W.; HAWKES, H. E.; WEBB, J. S. *Geochemistry in mineral exploration*. 2. ed. London: Academic Press, 1991. 657 p., il.

RÖSLER, H. J.; LANGE, H. *Geochemical tables*. New York: Elsevier, 1972. 468 p., il. + tabelas periódicas.

SCHAEFFER, F.; SCHACHTSCHABEL, P. *Lehrbuch der Bodenkunde*. Stuttgart: Enke, 1984. XII + 442 p., il.

SCHLESINGER, B.; DAETZ, D. A conceptual framework for applying environmental assessment matrix techniques. *The Journal of Environmental Studies*, Mt. Prospect, v. 16, n. 1, p. 11-16, 1973.

SNAP - SECRETARIA NACIONAL DE PRODUÇÃO AGROPECUÁRIA. Coordenadoria de Conservação do Solo e Água. *Legislação sobre conservação do solo*. Brasília: SNAP, 1986. 46 p.

SERRES, M. *O contrato natural*. Tradução de Beatriz Sidoux. Rio de Janeiro: Nova Fronteira, 1991. 144 p.

SILVESTRE, P. et al. Vulnérabilité du milieu récepteur; mesures de protection sur le tracé de la liaision autoroutière Lorraine-Bourgogne. *Bulletin de Liaison des Laboratoires des Ponts et Chaussées*, Paris, n. 112, p. 25-40, mars/avr. 1981.

SINGER, E. M.; KUMOTO, E. T. Impactos ambientais na mineração de turfa: diagnóstico e estudos de recuperação. In: XIII CONGRESSO BRASILEIRO DE ENGENHARIA SANITÁRIA E AMBIENTAL, Maceió, 18 a 23 de agosto de 1985. São Paulo: Cesp, 1985. 11 f., il.

SKOPEK, V.; VÁCHAL, J. Method of evaluation and control of stabilizing processes in landscape system. *Boletim de Geografia Teorética*, Rio Claro, v. 19, n. 37/38, p. 5-27, 1989.

SMITH, G. D. *Rationale for concepts in soil taxonomy*. Ithaca: Cornell University, 1986. 259 p., il.

SMITH, P. G. R.; THEBERGE, J. B. A review of criteria for evaluating natural areas. *Environmental Management*, New York, v. 10, n. 6, p. 715-734, 1986.

STIGLIANI, W. M. et al. Chemical time bombs: predicting the unpredictable. *Environment*, v. 33, n. 4, p. 4-9 e 26-30, 1991.

TER-STEPANIAN, G. Beginning of the technogene. *Bulletin of the International Association of Engineering Geology*, Paris, n. 38, p. 133-142, 1988.

TESSIER, A.; CAMPBELL, P. G. C.; BISSON, M. Sequential extraction procedure for the speciation of particulate trace metals. *Analytical Chemistry*, Washington D.C., v. 51, n. 7, p. 844-851, June 1979.

TIMMONS, J. F. *Aspectos econômicos do manejo dos recursos naturais aplicados ao uso do solo e água na agricultura brasileira*. Brasília: SNPA/SRN, 1985. 96 p., il.

TRICART, J. *Principes et méthodes de la Géomorphologie*. Paris: Masson, 1966.

TROEH, F. R. Landform equations fitted to contour maps. *American Journal of Science*, v. 263, p. 616-627, 1965.

TUREKIAN, K. K.; WEDEPOHL, K. H. Distribution of the elements in some major units of the Earth crust. *Geological Society of America Bulletin*, New York, v. 72, n. 2, p. 175-192, Feb. 1961.

VERNADSKY, V. I. *The biosphere*. New York: Copernicus, 1998 [1926]. 192 p.

VERNADSKY, V. I. The biosphere and the noösphere. *American Scientist*, New Haven, v. 33, n. 1, p. 1-12, 1945.

VIEIRA, L. S.; VIEIRA, M. N. F. *Manual de morfologia e classificação dos solos*. Belém: FCPARÁ, 1981. 580 p., il.

VINOGRADOV, A. P. *The geochemistry of rare and dispersed chemical elements in soils*. 2. ed. New York: Chapman & Hall, 1959. 209 p., il.

WINKLE, W. V.; CHRISTENSEN, S. W.; MATTICE, J. S. Two roles of ecologists in defining and determining the acceptability of environmental impacts. *International Journal of Environmental Studies*, New York, v. 9, p. 247-254, 1976.

WHITTEN, D. G. A.; BROOKS, J. R. V. *The Penguin dictionary of geology*. Middlesex: Penguin Books, 1976. 516 p., il.

WRIGHT, G. H. V. *Erklären und Verstehen*. Frankfurt am Main: Athenäum Fischer Taschenbuch, 1974. 200 p.

YOUNG, K. *Geology*: the paradox of Earth and man. Boston: Moughton Mifflin, 1975. 534 p., il.